DES CAUSES ET DES EFFETS

DE L'INSALUBRITÉ DES ÉTANGS;

De la Nécessité et des Moyens d'arriver à leur dessèchement.

DES CAUSES ET DES EFFETS

DE

L'INSALUBRITÉ

DES ÉTANGS;

DE LA NÉCESSITÉ ET DES MOYENS
D'ARRIVER A LEUR DESSÉCHEMENT.

PAR M.-A. PUVIS,

Ancien député, Membre correspondant de l'Institut, Président
de la Société d'Emulation et d'Agriculture de l'Ain.

BOURG-EN-BRESSE,
IMPRIMERIE DE MILLIET-BOTTIER.

—

1851.

DES CAUSES ET DES EFFETS

DE L'INSALUBRITÉ DES ÉTANGS;

De la Nécessité et des Moyens d'arriver à leur desséchement.

La Commission départementale d'hygiène et de salubrité a été convoquée pour donner son avis sur une pétition de propriétaires de la Dombes, adressée au président de la République; cette pétition expose l'état de ce pays, son insalubrité, et demande au Gouvernement des mesures qui facilitent et encouragent le desséchement des étangs, cause unique de sa misère et de sa dépopulation. La Commission a appuyé les demandes formulées dans la pétition, a reconnu que les étangs sont la cause de l'insalubrité, et a chargé l'un de ses membres, qui s'est long-temps et souvent occupé de cette question, de présenter les moyens les plus convenables pour arriver à assainir le pays par leur desséchement.

Avant de développer ces moyens, il est nécessaire d'exposer l'état des choses, la position du pays, celle de ses étangs, parce que les moyens à proposer doivent être fondés sur toutes ces circonstances.

La Dombes et la Bresse se composent, en plus grande partie, d'un plateau de sol argilo-siliceux qui s'appuie sur les hauteurs granitiques de Caluire, près Lyon, et se prolonge sur les départements de Saône-et-Loire et du Jura; ce plateau, sur une grande partie de son étendue, est élevé de 130 mètres au dessus du cours du Rhône, de la Saône et de l'Ain qui en font une presqu'île; il va en s'abaissant du sud au nord sur la Bresse, en sens contraire du cours des rivières; en sorte qu'outre sa pente longitudinale du sud au nord, il en a encore une transversale beaucoup plus sensible sur les rivières qui le bordent à l'est, au sud et à l'ouest.

On conçoit qu'en raison de son élévation au-dessus du bassin des rivières, et de son éloignement des chaînes de montagnes plus élevées que lui, les sources et par suite les cours d'eau y sont assez rares; ils deviennent plus nombreux à mesure que le plateau s'abaisse, et la Bresse en a plus que la Dombes.

Le sol de ce plateau est de nature argilo-siliceuse; son sous-sol est très peu perméable, il devient de plus en plus argileux à mesure qu'il s'abaisse, et le sol de la Bresse est beaucoup plus argileux, plus imperméable que celui de la Dombes; aussi la tranche de terre qu'a pénétrée et ameublie la végétation spontanée, c'est-à-dire la couche végétale, est beaucoup plus épaisse en Dombes qu'en Bresse; et, par cette raison, la Bresse, pour tirer parti de son sol argilo-siliceux, se trouve souvent obligée de le découper en petites pièces par des fossés qui entraînent les eaux de la surface, pendant que la Dombes peut cultiver le sien sans cette méthode dispendieuse.

Le sol de ce plateau est d'une qualité très-supérieure à celui de la Sologne, il a partout assez de consistance pour pouvoir produire le froment et le trèfle avec des engrais, et surtout avec la chaux ou la marne.

§. I. — Ce plateau dans la retraite des eaux auxquelles il doit sa formation, a été sillonné d'un assez grand nombre d'inflexions de terrain, séparées entr'elles par de petits plateaux intermédiaires qui se rattachent au grand et ont les mêmes pentes que lui; ces inflexions étaient jadis occupées par des prairies fécondées par les eaux des terres labourées du plateau qui les environne; maintenant elles le sont par des étangs, et ces étangs se sont multipliés dans les seizième et dix-septième siècles, alors que la livre de poisson valait trois livres de viande, dix livres de froment, que les maisons religieuses étaient nombreuses, et que près de moitié des jours de l'année étaient maigres. Les premiers étangs furent donc une spéculation avantageuse; on trouva profitable et commode de produire pendant deux ans, sans main-d'œuvre, une denrée d'un haut prix, d'un facile débit, et la troisième année une récolte d'avoine sur un seul labour et sans engrais. Ce succès encouragea les voisins; bientôt la plupart des plis de terrain furent barrés par des chaussées, et l'engouement alla jusqu'à construire des étangs sur des inflexions dont la pente latérale était faible; en sorte l'on fut obligé de construire, outre une longue chaussée principale qui barrait l'inflexion, deux autres chaussées latérales sous le nom de *chaussons*; ces constructions furent très-dispendieuses, et ne purent évidemment se faire que dans un pays à la fois riche et populeux; car dans ce temps les pays n'avaient entr'eux que de rares communications et ne pouvaient appeler ni les capitaux ni les bras étrangers; et, puis, la main-d'œuvre était relativement beaucoup plus chère qu'elle ne l'est maintenant et que les fonds eux-mêmes; la dépense dut donc être très-considérable; aussi elle absorba une grande partie du capital agricole. Mais aucune dépense n'arrêtait les constructeurs, et l'enthousiasme était universel; Revel, qui écrivait à la fin du 17me siècle, épuise en leur faveur toute son érudition latine, et Collet un peu plus tard s'écriait: *que la province, avec ses étangs, n'avait rien à envier à celles qui produisaient les vins les plus précieux.* On se plaignait déjà alors de la fièvre, mais comme on le fait aujourd'hui, Collet en disculpe les étangs qui étaient alors, il est vrai, beaucoup moins nombreux.

Les étangs devenus le produit principal, la plupart des fonds de vallons, couverts de prairies, reçurent cette destination; or, ces fonds qui recevaient de temps immémorial les alluvions du plateau, étaient sans comparaison le meilleur sol du pays; la culture perdit donc par leur mise en étangs la plupart de ses prés et ses meilleures terres; les étangs arrivèrent ainsi à couvrir un 6me de la surface; il ne resta dans le pays, pour nourrir les bestiaux de travail, que le fourrage du littoral des rares cours d'eau rendus marécageux par les usines; les engrais manquèrent donc essentiellement à ce sol qui, par la culture sans engrais, arriva bientôt au dernier degré d'épuisement.

Mais un bien plus grand mal encore, l'insalubrité, peu sensible d'abord avec les premiers étangs, s'accrut avec leur nombre et décima la population ; le nombre des décès arriva à surpasser celui des naissances, la vie moyenne s'abaissa, et, malgré d'incessantes immigrations qu'attirait sur ce sol l'élévation des salaires, le nombre des habitants s'est réduit insensiblement de plus des deux tiers ; aussi chaque année les nécessités de la culture, pour tenir lieu dans les grands travaux de la population disparue, et suppléer à l'affaiblissement de celle qui reste, y appellent des étrangers qu'il faut payer un haut prix en raison de la rareté des bras et des dangers de maladie.

La grandeur du mal le fit encore accroître, le faible produit net de la culture des terres en raison du défaut des bras et de la rareté des engrais poussa encore à la multiplication des étangs ; M. Greppoz, père, a établi d'une manière précise qu'un tiers a été construit dans la dernière moitié du dix-huitième siècle, et les deux tiers depuis le dix-septième ; la ruine du pays est donc un fait presque récent, et elle a marché dans la même progression que l'établissement des étangs.

Mais depuis l'époque de leur établissement les choses ont bien changé ; toutes les circonstances qui, dans le temps, poussèrent à leur multiplication se sont grandement modifiées, la livre de poisson vaut une demi-livre de viande au lieu d'en valoir 3, 2 1/2 livres de froment au lieu d'en valoir 10 ; et le poisson surabonde plus de moitié de l'année à Lyon, son grand débouché. L'abstinence du gras diminue de jour en jour, elle est presque supprimée en carême, et tout annonce que l'autorité ecclésiastique en dispensera encore le samedi. Et puis les chemins de fer nous amènent déjà, et terminés nous amèneront encore plus de poisson de mer sur tous les points du pays ; tout présage donc encore, pour le poisson, de nouvelles baisses de prix.

Resterait la culture de l'avoine. Mais les chemins de fer sur toute leur ligne, et à distance sur tous leurs environs, réduiduisent à rien la circulation des chevaux pour les diligences et le roulage. Enfin, la navigation, qui se perfectionne tous les jours dans sa rapidité et sa baisse de prix, achève d'accaparer les transports et de réduire l'emploi des chevaux ; les deux produits de nos étangs, peu favorisés par le présent, sont donc menacés encore d'un plus triste avenir. Il semblerait donc que ce nouvel état de choses devrait suffire pour pousser au dessèchement ; mais le défaut d'avances, la cherté de la main-d'œuvre, l'amour du *statu quo*, et la vue de quelques insuccès au milieu cependant de succès frappants et même nombreux, arrêtent le mouvement.

§. II. — La contrée, avant les étangs, était riche et populeuse ; on trouve en beaucoup de points, sur sa surface, les ruines d'anciens châteaux détruits ou abandonnés ; les terriers rappellent des couvents nombreux qui, depuis long-temps n'existent plus ; des villages détruits, des petites villes qui sont devenues des villages, et des villages des hameaux. On trouve dans les pâturages, et jusque dans les étangs, des débris d'habitations. Et, enfin, dans la plupart des villages, maintenant dépeuplés, on voit des églises dont l'étendue est sans rapport avec la population actuelle. On trouve, en outre, des églises abandonnées et sans culte, parce que les habitants et les habitations de la paroisse ont disparu, et que ce qu'il en restait s'est joint à la paroisse voisine.

Villars, ancien chef-lieu de la principauté de Dombes, auquel la tradition attribue une population de 4 mille âmes, avait un chapitre et des prébendiers, auxquels Marguerite d'Autriche fit, en 1524, une donation dont une inscription dans l'église rappelle le souvenir ; c'est maintenant un village qui contenait à peine 500 âmes, mais où la route nationale, depuis 10 ans, a appelé de nouveaux habitants qui en ont doublé au moins la population.

Marlieux, autrefois petite ville, maintenant misérable village, reçut au treizième siècle une charte et des privilèges, confirmés en 1308 ; et les terriers du Chatelard constatent que l'étang des Vavres , qui l'entoure , couvre un sol qui comptait autrefois 42 maisons.

Dans la terre du Montellier, le hameau de Cordieux, maintenant de 181 habitants, portait le nom de Cordieux-la-Ville ; il y existait une boucherie , où le seigneur avait droit de langue, et un couvent dont il ne reste plus de trace.

Le hameau des Blancs, qui ne compte plus que quatre maisons, avait une étude de notaire et douze habitations.

On a voulu attribuer à la guerre la dépopulation et la ruine du pays ; l'histoire dément entièrement cette assertion ; ce qu'on appelle l'armée de Biron se réduit , d'après Paradin , qui écrivait dans le temps et sur les lieux, à un corps de 1,200 hommes qui, en 1594 , sept ans avant la réunion à la France , prit et pilla Bourg qui voulut résister , et se porta ensuite sur Villars , chef-lieu de la principauté de Dombes ; la ville , enceinte de murailles , lui ferma ses portes , et fut prise d'assaut. Biron se porta ensuite et immédiatement dans le Bugey, pour y réduire les châteaux et villes qui résistaient ; il est impossible d'attribuer à une incursion de cette espèce la ruine d'une province de plus de 60 lieues carrées ; d'ailleurs Biron , qui dans ce temps voulait en avoir le gouvernement , dut nécessairement la beaucoup ménager au lieu de la ruiner (1).

§. III. — Il faut donc chercher ailleurs la cause de la dépopulation du pays ; elle est due évidemment à l'influence funeste de 20 mille hectares d'étangs, disséminés sur les 130 mille des parties inondées du plateau de Dombes et Bresse ; ces étangs, sur tous leurs bords, donnent lieu , par suite de l'abaissement

(1) Nous venons de trouver d'une manière bien précise la confirmation de ce fait. M. Guillemot (Paul), conseiller de préfecture à Dijon , dans une notice imprimée dans les mémoires de l'Académie de Dijon , sur la constitution politique et administrative du Bugey avant 1789, rapporte que les états du Bugey remercièrent dans leurs cahiers Henri IV, *de la prudente et agréable conduite du baron de Lux , lieutenant-général de Biron ; qui, param les dégâts des armées, a garanti le pays.*

des eaux pendant l'été, à des marais infects, source incessante de miasmes délétères ; or, ces marais sont nombreux , étendus, et ils sont disséminés sur toute la surface du pays.

Nous pouvons jusqu'à un certain point en apprécier l'étendue.

L'assolement général des étangs en Dombes est de deux ans en eau et un an en labour, sans avoir besoin d'engrais ; cependant comme le produit en avoine de l'assec est souvent plus fort que celui du produit de l'eau en poisson, une partie des étangs n'a qu'une année d'eau pour une en labour ; en sorte que l'étendue des étangs annuellement en eau se réduit à peu près à 12,000 hectares ; mais ces étangs sont presque tous formés par les eaux pluviales ; leurs bords sont souvent plats, se couvrent d'eaux peu profondes , et par cette raison forment des marais ; ces marais grandissent pendant l'été par l'abaissement des eaux qui s'infiltrent assez peu dans le sol, mais qui s'évaporent en masse sous l'influence du soleil d'été ; un quart au moins des 12,000 hectares inondés l'hiver s'assèche progressivement pendant la saison chaude, et laisse à découvert du limon, des frais, des déjections de poissons , et des débris animaux et végétaux de toute espèce ; ces détritus, par l'effet des chaleurs caniculaires, produisent tous les fâcheux résultats des sols que l'eau laisse à découvert pendant l'été. En outre les 900 étangs, annuellement en eau , produisent , sur toute la longueur de leurs chaussées, des infiltrations incessantes d'une eau rougeâtre qui, pendant l'été , forment un marais sur leur revers extérieur et sur 10 à 12 mètres , au moins, du sol environnant. Il y aurait donc effectivement près de 4 mille hectares de marais disséminés sur la surface du pays , auxquels il faudrait joindre encore les portions de l'étang recouvertes d'une mince couche d'eau ; les eaux profondes , toujours en mouvement, ne produisent point d'émanations malsaines ; mais lorsque la couche est de peu d'épaisseur, l'eau stagne , s'échauffe , sa chaleur se transmet au sol , au limon , aux débris de sa surface, qui bientôt se décomposent et dégagent des miasmes tout aussi dangereux que ceux du sol entièrement découvert; et puis on voit, à la même époque, les eaux des *mares*, des fossés, celles qu'on rencontre dans le sous-sol, celles de quelques étangs, celles des puits peu profonds, *tourner*, s'altérer et noircir. Toutes ces causes réunies vicient l'air de la contrée dans les mois de juin, juillet, août et septembre; il résulte de tout leur ensemble pour la population, à la fin de l'été, et surtout aux premières pluies, des fièvres intermittentes, souvent de mauvais caractère.

Ajoutons à cela, que les petits cours d'eau qui sillonnent la contrée ont été envahis par des usines nombreuses qui, pour augmenter leur chute, soutiennent leurs eaux à un niveau qui rend marécageuse toute la prairie de leur petit bassin; et remarquons que leurs retenues s'élèvent encore incessamment, en sorte que le cours d'eau dont on a usurpé toute la pente reste sans écoulement, que son lit s'engorge, et que la prairie couverte en marais ne donne plus qu'un produit de mauvaise qualité; il est hors de doute que les émanations de ce bassin, destiné par la nature à assainir la contrée, devenues malsaines par la stagnation des eaux, en s'ajoutant à celles des étangs, ne font qu'aggraver le mal.

Mais ces miasmes ne sont pas seulement funestes à la contrée qui les produit, ils altèrent encore, comme nous le verrons, l'état sanitaire des communes voisines du riche bassin de la Saône, et s'irradient même jusque sur le coteau du vignoble placé vis-à-vis, où des fièvres intermittentes, assez nombreuses, se montrent en automne.

On ne doit pas s'étonner de ces résultats, quand on voit que les étangs, cause de tout ce mal, couvrent un sixième de l'étendue de ce grand pays; on voit souvent, sur le littoral des grandes rivières, les inondations d'été, de quelques jours, être suivies de fièvres de mauvais caractère. On sait que le canal Saint-Martin, à Paris, celui du Centre, dans Saône-et-Loire, déterminent, par la stagnation ou l'abaissement de leurs eaux, de nombreuses fièvres intermittentes sur tous leurs environs. En Alsace, les déblais pratiqués pour élever de quelques pieds le chemin de fer ont laissé des creux sur une surface à peine de quelques hectares; l'eau stagnante qui les remplit, en s'évaporant en partie pendant l'été, laisse à découvert une portion de la surface dont les émanations suffisent pour déterminer dans trois villages voisins, éloignés cependant de plusieurs kilomètres, des fièvres automnales, presque générales, à peine connues avant le chemin de fer.

§ IV. — Et puis encore ce n'est pas seulement aux marais qui entourent les étangs, que serait due l'insalubrité de la Dombes.

L'insalubrité d'un pays provient nécessairement des émanations du sol; elle ne peut venir de l'atmosphère, car l'air atmosphérique qu'on y respire s'échange sans cesse avec celui des pays sains; il ne peut donc s'altérer qu'avec les émanations qui s'exhalent incessamment dans l'atmosphère du sein de la terre ou de sa surface; or, on sait que les eaux courantes, les eaux en mouvement produisent des émanations plutôt salutaires que malsaines, pendant que les eaux stagnantes peu profondes, comme celles des marais, en produisent de malfaisantes. Il n'est pas même nécessaire que ces eaux se montrent à la surface; toutes les fois que l'eau stagne dans l'intérieur du sol, on y a un marais intérieur dont les émanations produisent, jusqu'à un certain point pendant l'été, le même effet sur la santé que les marais de la surface.

Une observation constante a établi que, toutes les fois qu'un plateau de sol argilo-siliceux est assis sur un sous-sol imperméable et qu'il a peu de pente, on y voit survenir plus ou moins de fièvres intermittentes; et l'insalubrité y est d'autant plus sensible que le plateau est moins pentueux, d'une surface plus unie et moins accidentée.

Lorsqu'un plateau à sol imperméable, mais accidenté, a une pente assez sensible, les eaux qui ne peuvent pénétrer dans les profondeurs prennent un peu de mouvement dans le sens de la pente du plateau ou de celle des inflexions de terrain, et

par cette raison ne produisent point d'émanations malfaisantes;
lorsque au contraire ce plateau a peu ou point de pente, les eaux
stagnent dans le sous-sol et produisent les effluves insalubres
des eaux sans mouvement; c'est ce qui arrive en Sologne,
plateau peu accidenté, d'une grande étendue, qui a peu de
pente, dont l'état sanitaire n'est guère supérieur à celui de
Dombes, et où cependant les étangs n'occupent qu'un 20e de
la surface; mais lorsque le plateau est pentueux, accidenté,
coupé d'inflexions de terrain nombreuses, les eaux superflues
de sa couche végétale, qui ne peuvent pénétrer dans l'intérieur,
arrivent en vertu de la pente dans les parties les plus basses
de ces plis de terrain, en rendent le sol frais et humide, et
donnent naissance à des sources; les eaux pluviales s'y rendent
aussi; et avec ces eaux et la disposition naturelle du sol, on
obtient de bonnes prairies; le pays alors est sain; c'est ce qui
avait lieu en Dombes avant l'établissement des étangs, et se
retrouve en Bresse, dont le sol des plateaux est bien plus argileux et imperméable que celui de Dombes.

Mais lorsque les inflexions du sol qui devaient servir à l'é-
goutement des plateaux sont remplies de l'eau des étangs, ces
eaux, élevées souvent au niveau du plateau et communiquant
avec les eaux intérieures, les soutiennent à leur propre niveau,
les rendent stagnantes comme elles, y forment un marais intérieur qui, par l'effet des chaleurs caniculaires, produit en
partie les résultats des marais de la surface. Ainsi l'insalubrité
du pays provient non-seulement des marais du bord des
étangs, mais encore du marais intérieur du plateau qui com-
munique avec lui et qui comme lui est dû aux étangs. C'est
donc à cette double raison qu'on doit attribuer l'insalubrité de
la Dombes, que la nature avait formée pour de meilleures des-
tinées.

Si l'on conservait des doutes sur l'effet insalubre des eaux
stagnantes dans l'intérieur du sol, il nous semble qu'ils devraient cesser en faisant remarquer que l'expérience a prouvé,
en Angleterre, que, dans les cantons où les fièvres automnales

étaient endémiques, le drainage, en donnant cours à ces eaux
intérieures et par conséquent empêchant leur stagnation dans le
sol, les a fait à peu près entièrement cesser ; mais ici, comme
nous le verrons plus tard, le drainage ne peut avoir le même
effet, pendant que les étangs, cause de la stagnation des eaux,
s'opposent à leur écoulement, et par suite, à l'écoulement de
celles que rassembleraient les *drains* et les fossés collecteurs
du drainage.

Il est en France peu de plateaux argilo-siliceux aussi pentueux que celui de Dombes ; son sol dans le département de
l'Ain, depuis les hauteurs de Caluire jusqu'aux limites du département, sur sa longueur de 70 kilomètres, a près de 100
mètres de pente du midi au nord, c'est-à-dire près de un milli-
mètre et demi par mètre, pente triple de celle du bassin du
Rhône. Et sur sa largeur de 36 kilomètres le plateau se partage en deux versants qui dominent chacun de cent à cent
trente mètres le bassin des rivières qui le bordent à l'est, au
sud et à l'ouest, et peuvent par conséquent y écouler très-fa-
cilement leurs eaux.

En outre, ce plateau est ainsi que nous l'avons dit, très-
accidenté, et se trouve sur un grand nombre de points inter-
rompu par des inflexions de terrain qui s'ouvrent sur l'une ou
l'autre de ces trois pentes. Et ces inflexions de sol sont bien
nombreuses, puisque les étangs, qui en occupent il est vrai
la plus grande partie, couvrent un sixième du sol. Si ensuite
on ajoute à l'étendue de ces inflexions celle des bassins des
petits cours d'eau qui occupent au moins un douzième de la
surface, on aura un quart de toute l'étendue destinée par la
nature à égoutter et assainir les trois autres quarts, circonstance
assurément bien favorable à la salubrité. On conçoit bien alors
comment avec cet état de choses, la Dombes avait pu, ainsi
que le prouvent l'état des lieux et les monuments historiques,
devenir un pays riche et populeux avant l'établissement des
étangs ; leur construction a donc enlevé à la fois au pays ses
moyens d'assainissement, son meilleur sol et les prairies qui

nourrissaient ses bestiaux ; elle lui a donc fait perdre sa salubrité, sa fécondité, et par suite sa population et sa richesse.

§ V. — L'opinion est établie en France et même dans quelques esprits en Dombes que le pays sans les étangs serait marécageux.

Et d'abord, il n'y a de marécageux que les pays d'un niveau inférieur, sur lesquels d'autres plus élevés font arriver leurs eaux par des infiltrations ou autrement ; or, la Dombes, qui domine de plus de 100 mètres le bassin des rivières qui la bordent, ne peut malheureusement recevoir d'eau de pays plus élevés, et si elle en recevait sa grande pente les écoulerait avec facilité. Bien plus, les étangs sont placés dans des terrains bien autrement pentueux que la pente générale du pays ; leurs chaussées de 2, 3, 4 mètres résument la pente longitudinale du sol de l'étang, et l'étang de 500 mètres de longueur, par exemple, avec 3 mètres de chaussée, indique une pente de plus de 6 millimètres par mètre ; la pente transversale sur la largeur qui est à peine moitié de la longueur, est beaucoup plus considérable, puisque cette largeur se partage en deux versants dont chacun a toute la pente de l'inflexion sur sa longueur ; aussi tous les deux ou trois ans le sol des étangs est en labour et n'a besoin pour s'égoutter que de quelques raies de charrue.

Il est donc très-peu de plateaux en France que leur position éloigne plus d'être marécageux que la Dombes, et le sol de ses étangs, comme étant le plus pentueux, est encore celui qui s'égoutte le plus facilement ; il y existe cependant un grand marais, celui des Echets ; mais tout annonce qu'il était autrefois à l'état de lac, que les formations incessantes de tourbe ont fini par remplir ; il paraît avoir été desséché dans les années antérieures à la réunion du pays à la France ; mais on a depuis négligé le curement du fossé qui écoulait ses eaux, et sa surface, couverte d'eau une partie de l'hiver, reste marécageuse pendant l'été.

Les terres qui l'environnent sont de bonne qualité ; si son

terrain tourbeux était desséché et mis à l'abri des eaux, il
offrirait un excellent sol pour les récoltes légumières auxquelles
le voisinage de Lyon fournirait le plus facile débouché.

§ VI. — Dans l'engouement en faveur des étangs qui a duré
plus de deux siècles, la partie du grand plateau au nord de
Bourg, sur l'Ain, Saône-et-Loire et le Jura, plus accidentée
que la partie méridionale, avait aussi établi des étangs nombreux, dont on voit encore en grande partie les chaussées;
leur influence y était tout aussi funeste; mais, soit en raison de
leur insalubrité, soit parce qu'on était plus éloigné de Lyon,
grand débouché du poisson, on y est depuis près d'un siècle
désabusé de ce mode de culture; on a donc desséché, rétabli
les prés à la place qu'avaient usurpée les étangs; aussi la population y a repris son niveau, et le kilomètre y compte 64 habitants, comme il en compte à peine 20 dans la partie qui a
continué de subir les étangs; et cependant dans cette partie qui
est restée inondée, le sol est plus profond, de meilleure qualité, naturellement plus sain, et le pays y était plus peuplé et
les petites villes plus nombreuses.

On conçoit bien comment ce pays est arrivé à cet état de
dépopulation. En dépouillant, au greffe de Trévoux, les registres de l'état civil de 15 années, de 1820 à 1834, des 37 communes inondées de l'arrondissement de Trévoux, M. Digoin,
membre du conseil général, a trouvé que le nombre des décès
surpassait celui des naissances de plus d'un septième, et que
par conséquent sans les immigrations, dans la période de 15
années, la dépopulation eût été d'un septième. (1)

<hr>

(1) On concilierait le résultat qu'a obtenu M. Digoin avec celui publié en
dernier lieu, dans lequel les décès pour une plus longue période de temps,
l'emportent sur les naissances, en faisant remarquer que M. Digoin a ajouté
aux décès consignés sur les registres, ceux très nombreux appartenant aux
communes inondées, qui ont eu lieu dans les hôpitaux de Trévoux, Monthel
et Thoissey, et qui n'étaient pas reportés dans leurs communes respectives,
en négligeant même ceux des hospices de Lyon et de Bourg, pendant que
rien n'annonce qu'on ait eu le même soin pour les résultats contraires.

On comprend que cette rapide et effrayante progression de mortalité qui a duré depuis deux siècles, aurait détruit dès long-temps toute population, sans les immigrations incessantes que la cherté de la main-d'œuvre y attire des pays voisins.

§ VII. — On pourrait croire que depuis lors cet état de choses se serait amélioré; on vient de publier des recensements de population qui prouvent que depuis quarante ans la population serait croissante en Dombes, et même que le nombre des naissances y surpasserait celui des décès. On ne tient pas compte, à ce qu'il semble, de la plus grande partie des décès des nombreux malades du pays qui vont mourir chaque année dans les hôpitaux de Lyon, Bourg, Montluel, Trévoux, Thoissey, et qui sont rarement inscrits dans leurs communes respectives.

Quoiqu'il en soit, les recensements, depuis 1805 jusqu'en 1846, prouvent que la population des 37 communes inondées dont nous venons de parler se serait élevée de 17,498 individus à 23,508 et se serait par conséquent accrue de 6,010. Mais si l'on se reporte au relevé de M. Digoin, nous voyons, pendant 15 ans de cette même période, le nombre des décès l'emporter de 2,553 sur les naissances, ou de plus d'un septième; or, cependant nous venons de voir que pendant ce temps, la population n'a pas cessé de croître; il serait donc nécessaire d'admettre que cet accroissement de population aura été dû aux immigrations qui ont dû combler à la fois l'excès des décès sur les naissances pendant 40 ans, et fournir en outre l'accroissement de 6,010 âmes de population.

On a fait encore remarquer que dans la période de 1841 à 1846, l'accroissement de population a été beaucoup plus rapide; on s'en explique assez naturellement les causes; et d'abord, la féconde impulsion que l'emploi presque général de la chaux a portée sur le sol de Dombes, a donné plus d'activité à la culture, et a dû appeler du dehors des domestiques plus nombreux, attirés par l'appât des gros gages, et des fermiers étrangers, séduits par les fermages restés peu élevés de ce sol devenu plus productif.

Et puis l'ouverture des routes nouvelles a décidé un grand nombre de constructions, d'établissements nouveaux, d'auberges, de cafés, de marchands détaillants, d'ouvriers de tous métiers; l'accroissement de population s'est portée en plus grande partie sur les villages de Villars, Saint-Paul-de-Varax, Saint-André-de-Corcy, Marlieux, Mionnay, Saint-Marcel, Rillieux, que traverse la route nouvelle; elle s'y est particulièrement accrue, dans la dernière période décennale, de moitié en sus de 2 mille âmes sur 4 mille de population ancienne; mais l'accroissement a eu surtout lieu en cabarets, cafés, dont on doit médiocrement se féliciter.

Enfin les ventes en détail qui ont eu lieu particulièrement sur les bords du pays inondé ont attiré sur le sol de Dombes, 3 ou 4 fois moins cher que le leur, des habitants nombreux du pays voisin, qui y ont bâti des maisons pour de petites exploitations. Ainsi donc les nécessités de la culture des terres chaulées, la spéculation sur les besoins des routes nouvelles et les ventes en détail, ont dû grandir le chiffre de sa population par l'immigration d'étrangers dans ces derniers temps.

Quant à l'excès des naissances sur les décès, ce résultat s'explique sans qu'on puisse lui attribuer une amélioration sensible dans la salubrité, puisque, d'une part, le relevé des décès ne renfermerait que la plus faible partie des malades appartenant aux communes inondées, morts dans les hôpitaux de Lyon, Bourg, Trévoux, Montluel, Thoissey, et que, d'autre part, ces établissements nouveaux, cabarets, cafés, ateliers d'ouvriers, boutiques de marchands, exploitations nouvelles, sont en plus grande partie habités par de jeunes ménages la plupart étrangers au pays; ces ménages nouveaux produisent de nombreux enfants; mais cet excédant de naissances n'est en quelque sorte que transitoire, parce que ces établissements nouveaux ne peuvent s'accroître puisque leur nombre dépasse déjà les besoins, que les ventes en détail ont épuisé toutes les ressources, et que la fécondité de ces jeunes ménages ne se prolongera pas plus que leur jeunesse. En ayant égard à ces considérations, nous ne pouvons donc guère espérer que tant que l'état sanitaire ne sera pas amélioré, le nombre des naissances puisse à l'avenir balancer celui des décès, et encore moins que la population, sans les immigrations, puisse arriver à se maintenir stationnaire.

§ VIII. — Mais nous pouvons, par d'autres considérations que celles qui précèdent, nous assurer si l'on est fondé à admettre une amélioration sensible dans l'état sanitaire du pays.

Pour apprécier convenablement la salubrité d'une contrée, la puissance de travail et l'état de sa population, c'est moins son accroissement qui peut résulter des immigrations, c'est moins encore l'excès des naissances sur les décès qui, comme nous venons de le voir, peut être dû à des omissions, et à des circonstances passagères, que la durée individuelle de la vie de l'homme dans l'âge de la force virile, qu'on doit consulter. Il est bien évident que plus la durée de la vie moyenne sera courte, plus l'âge pendant lequel chaque individu sera capable de travailler sera court aussi ; et comme on ne peut demander que peu de travail aux vingt premières années de la vie, et que ce sont celles de la vie moyenne qui dépassent ce chiffre qui en fournissent la plus grande somme, il s'en suit nécessairement que la puissance de travail d'une population s'affaiblit en beaucoup plus grand rapport que le chiffre de sa vie moyenne, et que, sans qu'on puisse l'assujettir à un calcul précis, un accroissement de 5 ou 6 ans de vie moyenne au-dessus de 20 ans doublerait au moins la puissance de travail d'une population.

Cette durée de la vie moyenne s'obtient en divisant la somme des âges vécus par le nombre des décès ; cette méthode exige des dépouillements de registres et des calculs nombreux ; et c'est par ce moyen qu'on été établies les tables de Duvillard qui se reproduisent chaque année dans l'annuaire du bureau des longitudes ; depuis lors cet annuaire, pour apprécier annuellement la vie moyenne en France, se borne à diviser le nombre de la population par celui des naissances ; ce procédé produit

pour la France un résultat trop faible , parce que le nombre
des naissances y surpasse celui des décès et donne un trop
grand diviseur ; son quotient , qui est la vie moyenne , serait
donc trop faible ; il en résulte que pour la période la plus ré-
cente, 1841 à 1846, la vie moyenne en France de 35 ans 9 mois,
donnée par l'annuaire , serait très-sensiblement au-dessous du
vrai , et qu'on en serait arrivé plus près en divisant le chiffre de
la population par une moyenne entre la somme des décès et
celle des naissances , ce qui eut donné un chiffre pour la vie
moyenne , plus fort d'un douzième au moins que celui de 35
ans 9 mois.

Voyons maintenant quel est l'état des choses en Dombes ?

Et d'abord qu'était-il lors de la statistique publiée en 1808 ? (1)

Elle publie le résultat d'un travail immense fait par M. Brun,
curé de Villars ; M. Brun a dépouillé les registres de dix communes inondées pendant un siècle , et annoté le nombre des
naissances , des décès , des mariages , l'âge et le sexe des décé-
dés. Il en résulte , entre autres , qu'à Villars, la vie moyenne
était de 21 ans 8 mois , et à Saint-Nizier-le-Désert de 20 ans 7
mois , plus courte de 14 mois qu'à Villars ; et cependant , à
Villars , le nombre des décès l'a emporté de 283 sur celui des
naissances , pendant qu'à Saint-Nizier-le-Désert , l'excédant des
décès n'a été que de 15 ; d'où il résulte évidemment que l'accroissement du nombre des naissances est loin de suffire pour
faire présumer la vie moyenne et par conséquent la puissance
de travail d'une population. Dans les huit autres communes
inondées , le nombre des naissances y aurait surpassé de 112
celui des décès , signe bien équivoque de prospérité , puisque la
misère, pendant ce siècle, n'a fait que grandir au lieu de s'affai-
blir. En résumé, dans ces dix communes, la vie moyenne, pendant un siècle , aurait été de 21 ans 8 mois.

Après ces données sur l'état ancien des choses , cherchons à
voir s'il y a eu progrès ?

____

(1) Cette statistique passe pour être l'une des meilleures de France.

2

Les travaux de M. Valentin Smith, conseiller à la cour d'appel de Lyon, publiés par le Comité d'amélioration de la Dombes (1), peuvent servir à résoudre cette question. Avec l'aide de deux employés au ministère de l'intérieur, il a dépouillé les registres des 16 communes du canton de Châtillon, dont 10 font partie des communes inondées ; et on voit que dans ces 10 communes, pendant la période décennale de 1837 à 1847, la vie moyenne aurait été de 19 ans 7 mois ; il est remarquable qu'elle s'abaisse avec l'étendue relative des étangs. Dans les cinq communes qui en ont le plus, qui sur 9,596 hectares d'étendue en ont 1,668 en étangs, c'est-à-dire 17 1/2 pour cent de leur surface, la vie moyenne est de 18 ans 5 mois, quand dans les 5 autres communes, qui sur 9,737 hectares n'en ont que 524 en étangs ou moins d'un vingtième, la vie moyenne s'élève à 20 ans 4 mois.

Sans doute le progrès n'est pas grand, mais l'air de ces communes est vicié non-seulement par leurs propres étangs, mais par ceux des communes immédiatement voisines. Et cet effet du voisinage est bien sensible, puisque dans les six autres communes de ce canton où les étangs sont à peu près nuls, la vie moyenne n'est encore que de 25 ans, pendant qu'elle est moyennement de près de 36 en France ; et cependant ces pays sans étangs se composent d'un sol d'une toute autre nature que celui du plateau, sol de bonne qualité, essentiellement sain, très-bien cultivé, réunissant enfin toutes les conditions de salubrité qu'on peut désirer ; l'influence des étangs est donc funeste non-seulement aux pays où ils sont situés, mais encore à tout leur voisinage.

On peut encore remarquer que dans les villes des parties inondées la vie moyenne s'élève d'une manière très-sensible ;

---

(1) Notions statistiques sur la Dombes et la Bresse insalubres. Ce travail vient d'être publié au nom d'un Comité composé de plus de 50 propriétaires de Dombes, habitant la plupart Lyon, qui se proposent de concentrer et multiplier leurs efforts pour arriver à l'amélioration sanitaire et agricole de la Dombes et de la Bresse insalubres.

elle serait à Châtillon de 27 ans 2 mois, et à Chalamont, dont les étangs sont plus rapprochés, de 22 ans; l'habitant de la ville, moins voisin des émanations des étangs, se défend donc beaucoup mieux que l'homme de la campagne qui y reste exposé pendant 15 ou 16 heures de la journée.

Il est à remarquer qu'à Châtillon la vie moyenne serait de 27 ans pendant que dans les 3 communes sans étangs de ce canton, elle ne serait que de 25. Châtillon cependant est placé sur le littoral d'une prairie que des moulins trop rapprochés rendent plus ou moins marécageuse; et la Chalaronne y a un lit qui se dessèche chaque année pendant l'été; mais Châtillon échappe en grande partie aux miasmes des étangs, qui sont placés sur le plateau et plus élevés que la ville de 50 ou 60 mètres; ce fait confirme la remarque que les miasmes paludiens tendent en général à s'élever, et qu'ils frappent plutôt de leur funeste influence les parties élevées d'une contrée que les parties basses.

Cela posé, nous avons vu que, pendant le siècle qui nous a précédés, la vie moyenne a été de 21 ans 8 mois dans les communes inondées, pendant que, dans la période décennale qui vient de s'écouler, elle a été, dans les communes à étangs du canton de Châtillon, de 19 ans 7 mois; elle était donc dans le siècle passé de 2 ans 1 mois, ou d'un dixième plus longue que dans le temps présent; l'état sanitaire se serait donc évidemment détérioré plutôt qu'amélioré.

On se confirmerait dans cette opinion, en comparant les tableaux n°s 4 et 5 de M. Valentin Smith; le premier donne pour les 16 communes de tout le canton de Châtillon, inondées ou non, pour la période décennale de 1837 à 1847, une vie moyenne de 24 ans 5 mois 11 jours, pendant que dans les cinq dernières années de cette période, de 1842 à 1847, elle ne serait plus que de 24 ans 1 mois 19 jours; la marche rétrograde se continuerait donc dans la vie moyenne; mais c'est la vie moyenne et l'état de santé qui représentent la puissance de travail d'un pays; et tous deux iraient se détériorant au lieu de s'améliorer.

On s'explique d'ailleurs par des faits cette progression incessante du mal, en se rappelant qu'ainsi que l'a prouvé M. Greppoz, un tiers des étangs a été établi dans la dernière moitié du XVIIIe siècle, et la plus grande partie des autres depuis le milieu du XVIIe; nous voyons donc le mal s'accroître incessamment, et toujours et partout, en proportion de l'étendue des étangs.

Ce qui aggrave la position de ce malheureux pays, c'est que ce n'est pas dès leur première jeunesse que sont le plus frappés ses habitants.

Nous avons été surpris, en dépouillant les chiffres statistiques, de trouver que, dans nos pays inondés, la mortalité dans les premiers âges de la vie ne serait pas plus grande que dans les pays sains. Ainsi, d'après les tables de mortalité de Duvillard, en France, sur mille naissances, il y a 502 survivants à l'âge de 20 ans; or, il résulterait du tableau n° 5 de M. Valentin Smith que, dans la dernière période quinquennale de 1842 à 1847, dans les 16 communes du canton de Châtillon, les morts jusqu'à 20 ans, sur mille naissances, auraient été de 481, et par conséquent les survivants de 519. Et à Chalamont, dans quatre périodes quinquennales, tableau n° 8, sur 1,030 naissances, il y aurait eu 515 morts et par conséquent 515 survivants. La maladie, en Dombes, semblerait donc ménager les premiers âges de la vie pour les frapper dans l'âge viril, dans l'âge de la force; et effectivement la statistique avait fait remarquer, d'après l'observation constante des médecins, que passé les trois premières années de l'enfance, c'était dans l'âge de 30 à 50 ans que la mort emportait relativement plus de victimes dans les pays inondés.

Il s'ensuivrait encore, ce que confirme d'ailleurs l'observation, que lorsqu'on y a échappé aux chances de mortalité du milieu de la vie, ceux qui survivent n'y sont pas plus frappés qu'ailleurs, et que par conséquent le nombre des vieillards y serait relativement aussi grand que dans les pays sains, nouveau symptôme de faiblesse de la population.

Si nous comparons maintenant la vie moyenne de la Dombes inondée de 19 ans 7 mois, avec celle de la France, entière de 35 ans 9 mois, la différence serait de plus de 16 ans; et puisque, ainsi que nous l'avons vu, la mort frappe particulièrement dans les âges au-dessus de 20 ans, il s'ensuit que le grand nombre des décès aurait lieu dans les âges de la plus grande force virile. Ajoutons à cela que les maladies qui entraînent cette population au tombeau aux époques où les chances de la vie sont le plus favorables dans les pays sains, l'attaquent et l'énervent dès le jeune âge, et la rendent peu capable de travail long-temps avant d'être fatales.

Cependant encore ici se trouve l'accomplissement de cette loi générale qui assure la reproduction de l'espèce; la mort semble épargner les jeunes couples pendant les premières années de mariage, ce qui explique assez naturellement le fait qu'on voit se reproduire dans tous les pays insalubres, du rapport des naissances à la population plus fort que dans les pays sains; ainsi en Dombes, le nombre des naissances serait le 27ᵉ de celui de la population, pendant qu'en France il n'en serait que le 41ᵉ.

Si maintenant l'on fait remarquer que sur la faible force virile qui reste dans le pays, plus d'un quart chaque année, dans les grands travaux, en est empêché par la fièvre, pendant que les trois autres quarts sont plus ou moins affaiblis par les maladies des années précédentes, nous concevrons comment il se fait que la population de Dombes peut à peine suffire au labour de ses terres et au soin de ses bestiaux, et pourquoi elle se trouve obligée d'appeler à son secours, pour moissonner, battre, faucher, sarcler, des étrangers, auxquels elle doit donner pour salaire, outre la nourriture, un cinquième du produit en grains; mais ces étrangers par une triste compensation, rapportent souvent dans leur pays la fièvre des marais qu'ils ont contractée en Dombes, fièvre qui s'aggrave à leur retour et qui souvent finit par leur devenir fatale; ce sont là des morts dont ne tiennent pas compte nos calculs statistiques.

§ IX. — Pour pouvoir apprécier l'état de santé et de force de cette population, on peut encore consulter les fastes du recrutement.

En France, en moyenne, pour avoir cent hommes valides, on en réforme 15 à 16. En Dombes, pendant la période décennale de 1837 à 1847, dans le canton de Trévoux, qui sur 21 communes en compte seulement 6 inondées, les réformes ont été de 64 sur 164 appelés (1). Dans le canton de Châtillon, où sur 16 communes 9 sont inondées, les réformes se sont élevées à 90 pour 100 valides. Enfin dans le canton de Chalamont, où 8 communes sur 11 renferment des étangs, on compte 101 réformes pour obtenir 100 hommes valides ; et le chiffre s'élèverait à plus de 120, si on isolait dans chaque canton les communes à étangs de celles qui n'en ont point. On voit évidemment, par ces résultats, que les réformes s'accroissent en raison de l'étendue inondée ; les étangs énervent donc et rendent infirmes près des 3/5es de la population, ils la laissent encore vivre dans les premiers âges où elle commence à peine à être utile et la tuent dans l'âge viril alors qu'elle serait nécessaire ; le recrutement serait donc une charge énorme pour ce malheureux pays, puisqu'il y prendrait chaque année près des deux tiers de la population valide, pendant qu'en France il n'en prend en moyenne qu'un quart ; la population des pays inondés devrait donc aller de jour en jour s'affaiblissant, puisque plus de moitié des hommes qu'on y laisse pour la renouveler sont affligés de maladies et d'infirmités.

Dans nos premiers écrits sur ce pays, nous demandions qu'on y laissât pendant la paix les conscrits tombés au sort ; il n'y aurait à cela que stricte justice ; l'impôt du sang, le plus dur de tous, ne doit se percevoir comme les autres impôts que sur un produit net ; or, nous avons vu que le produit net en force virile, en puissance de travail, est en quelque sorte négatif en Dombes ; et cependant on y prend chaque année, sur

<hr>

(1) Notions statistiques sur la Dombes et la Bresse insalubre.

cette force réduite des deux tiers, le même impôt que si elle était la même que dans les pays sains , ce qui nous semble à la fois injuste et impolitique.

Le dernier recrutement aurait donné, à ce qu'il semble, des résultats très-différents de ceux observés dans les dix années de 1837 à 1847; c'est là un fait que nous accueillons avec plaisir, mais qui , pour pouvoir être opposé aux résultats de dix années, a besoin de se reproduire.

§ X. — Après ces développements, nous jugeons inutile de rappeler ici tous les faits accumulés dans l'enquête (1) , qui prouvent surabondamment que ce triste état de choses est entièrement dû aux étangs.

D'ailleurs c'est une vérité de tous temps et de tous les lieux, que les eaux stagnantes, celles surtout qui laissent à découvert pendant l'été des parties inondées , pendant l'hiver et le printemps sont éminemment insalubres.

Nous devons cependant encore faire remarquer que l'amélioration dans la salubrité devient très sensible par un desséchement local; nous citerons à ce sujet un fait récent qui n'a pu par conséquent trouver sa place dans l'enquête.

La propriété de la Saulsaie où se trouve maintenant l'école régionale de l'Ain était au moins aussi malsaine que le reste de la Dombes inondée; son insalubrité a été le principal obstacle qu'ait rencontré dans ses travaux son courageux et habile propriétaire; la maladie y a moissonné dans le début presque

(1) En 1839, l'Administration, pour s'éclairer, nomma une Commission pour procéder à une enquête sur l'état du pays d'étangs ; cette enquête fut préparée par des questions nombreuses envoyées à l'avance à toutes les communes inondées; la Commission se transporta sur tous les points du pays, interrogea les propriétaires, les fermiers, s'assura par ses yeux de l'état des choses, et déposa son rapport à la préfecture le 25 août 1839. Nous renvoyons à ce rapport pour une foule de détails que nous n'avons pu reproduire ici, et pour un grand nombre de faits qui n'ont pas pu être contestés. Il a été imprimé dans le journal d'agriculture de l'Ain , et à la suite d'un travail spécial sur les étangs. par le rapporteur de la Commission.

entièrement une colonie belge qu'il y avait amenée; maintenant, avec le desséchement de 32 étangs, la salubrité y a reparu à peu près égale à celle des communes voisines sans étangs.

Nous citerons encore la propriété de Montribloud, où les mêmes travaux ont amené les mêmes résultats.

Ces faits d'ailleurs ne sont que la conséquence de ceux accumulés dans l'enquête, desquels il résulte que, dans l'année d'assec des étangs, les villages, hameaux et domaines immédiatement voisins éprouvent beaucoup moins de fièvres que dans leurs années d'eau.

Nous ne devons pas terminer cet article sans faire remarquer encore jusqu'à quel point le mal qui se produit dans les pays inondés augmente d'intensité en raison de l'étendue des étangs, et surtout comme il se propage au loin sur tout le voisinage.

Nous avons vu en Dombes la vie moyenne réduite à 18 ans, avec un 6me de son sol en étangs, s'élever à 20 avec un 19me; et (ce que nous devons bien remarquer) cette vie n'être encore que de 25 ans, c'est-à-dire un tiers au-dessous de la moyenne en France, dans les communes sans étangs et d'un sol fécond; les pays à étangs réduisent donc d'un tiers la vie moyenne des communes voisines en pays sain; les maladies paludiennes sévissent donc encore avec beaucoup d'intensité sur tout le pays voisin des étangs; les miasmes s'étendent et s'irradient même jusque sur le côteau du vignoble opposé, où les fièvres intermittentes sont assez fréquentes dans les années où elles sont le plus nombreuses en Dombes (1).

Ce serait même encore à la même influence que nous attribuerions la mortalité qui, suivant qu'on l'a fait remarquer en dernier lieu, sévit avec une intensité remarquable sur le Bas-Bugey, pays cependant qui semble réunir toutes les conditions

(1) Le docteur Vaulpré, défenseur des étangs, mort au commencement du siècle, pensait devoir attribuer les fièvres intermittentes du vignoble du Beaujolais aux fumiers que depuis quelque temps on prodiguait aux vignes.

désirables de salubrité. Enfin la partie au nord du pays inondé, la Bresse, qui a desséché ses étangs, éprouve encore des fièvres paludiennes à mesure qu'on s'approche du pays d'étangs, et même la durée de la vie moyenne y serait peu supérieure à celle des communes sans étangs, plus voisines que la Bresse du pays inondé; le pays d'étangs porte donc une partie de son insalubrité sur des étendues 4 à 5 fois plus grandes que la sienne; son assainissement cesse donc d'être pour un pays une question d'utilité locale, elle revêt tout-à-fait l'importance d'utilité publique.

§ XI. — Le curage des cours d'eau serait sans aucun doute très-utile en Dombes; comme ils y sont rares, on a voulu profiter de leur pente pour établir de nombreuses usines; ces usines, à l'envi les unes des autres, pour accroître leur chute, élèvent incessamment leurs retenues d'eau et rendent marécageuse la prairie qui leur est supérieure; leur règlement serait donc très-utile à ces prairies dont elles détériorent le produit, et avantageux encore à la salubrité à laquelle l'état marécageux du bassin doit sans doute nuire; cependant sans qu'on puisse en donner la raison, les prairies marécageuses sont loin d'avoir la même influence sur la salubrité que les marais des étangs. Ainsi une foule de villes, grandes ou petites, sont placées sur le littoral et le versant de petits cours d'eau; les usines qui se groupent toujours près des populations rendent plus ou moins marécageuse la prairie du fond de leur bassin; et, cependant, l'habitation de ces villes est d'ordinaire salubre, et on n'aperçoit pas de différence sensible entre la salubrité des quartiers placés dans la prairie et de ceux placés sur le versant.

Les cours d'eau de Dombes sont très-pentueux, puisque, pour arriver au littoral des rivières qui leur servent de débouché, ils ont, sur un parcours peu étendu, plus de 100 mètres de pente; et cette pente a pu se régulariser, puisque leur lit s'est creusé dans une formation terreuse que les eaux entraînent facilement; ainsi, par suite de cette pente, ils sont très-sinueux, et à mesure qu'ils s'éloignent de leur origine leur bassin s'encaisse profondément dans le plateau ; il en résulte qu'ils donnent un écoulement facile au pays lui-même et à la plus grande partie des étangs. Il n'en est pas de même à l'origine de ces cours d'eau ; la pente en est alors assez faible et leurs bassins n'y offrent pas, aux fonds supérieurs et aux étangs qui y sont placés, les mêmes facilités d'écoulement que dans les parties inférieures du bassin ; ces bassins ont été creusés par les eaux lors de leur retraite ; ils prennent naissance au point culminant du plateau, mais ils n'ont alors qu'une pente assez faible et ont été creusés peu profondément, parce que les eaux dans leur retraite y avaient acquis peu de vitesse et avaient peu de masse ; cependant on a souvent construit des étangs à leur sommet, et il se trouve que la partie du bassin en prairies qui leur est contiguë et leur sert de débouché, est d'un niveau peu inférieur au leur ; on en a même souvent construit dans le bassin lui-même, qui élèvent le niveau des eaux et leur ôtent leur débouché naturel ; par suite de cet obstacle, de celui que le défaut de curage leur oppose, de l'exhaussement du fond que produisent en certains points les atterrissements, par suite encore des rétrécissements qu'amènent les plantations des riverains, de l'envahissement d'une partie du lit par les diverses familles d'osiers, des contours sinueux qu'offre le cours d'eau, par suite, disons-nous, de tous ces obstacles, leur lit cesse d'être celui que les eaux elles-mêmes avaient creusé ; il n'offre plus un écoulement assez prompt, soit aux eaux des grandes pluies qui se répandent sur les prairies, soit à celles des étangs en pêche ou en labour ; le sol des étangs qui font obstacle à l'écoulement, celui même de ceux qui sont à la naissance des bassins, était sans doute en prairies comme le reste du bassin ; mais alors même qu'on les rappellerait à leur ancien état, ils manqueraient encore d'écoulement comme la prairie inférieure ; dans l'intérêt donc des prairies que les eaux envahissent trop facilement et d'où elles s'écoulent à peine, de la salubrité publique compromise, et dans l'intérêt même des étangs du sommet du bassin, sinon comme étangs, du moins comme terrains dont le défaut d'écoulement altérerait essentiellement le produit ; par toutes ces raisons, disons-nous, il nous semble tout-à-fait convenable que l'administration ordonne l'abaissement, soit des retenues trop élevées des moulins, soit du niveau des étangs du bassin qui font obstacle à l'écoulement, et qu'elle prescrive la régularisation du lit en profondeur et largeur avec les dimensions que la vue des lieux et l'appréciation des cours d'eau peuvent faire juger nécessaires ; cette régularisation, si elle est prescrite avec la mesure convenable, ne serait pas autre chose que le rétablissement de l'ancien état des lieux, et doit par suite être considéré comme un curage à vieux fonds et vieux bords.

Toutefois la fixation des dimensions à donner n'est pas sans difficulté ; il faudrait que le travail demandé fût tel, qu'en même temps que les fonds supérieurs recevraient un débouché suffisant, les propriétaires des prairies qui en sont chargés y vissent leur intérêt satisfait sans être trop obligés à trop de dépenses ; c'est bien assez de la résistance des propriétaires d'usines et d'étangs qui devront abaisser leur retenues ; ainsi donc, pour que les difficultés ne se multiplient pas, il est essentiel que le travail demandé reste dans les limites du nécessaire absolu. Il résulterait sans doute de son exécution une amélioration sensible pour les prairies et même pour la salubrité ; mais on n'aurait là encore qu'un adoucissement, et ce serait loin d'être un remède au mal ; le mal est dans l'insalubrité produite par les marais d'été qui entourent les étangs, et par le marais intérieur auquel ils donnent naissance ; et cette insalubrité, ni l'abaissement des retenues des usines, ni le curage des cours d'eau ne peuvent la diminuer ; la Dombes est un malade qui porte dans son sein le germe fatal ; *telum lethale intrà se ferens*. Tant que le trait funeste restera dans la plaie, le mal persistera, les autres moyens ne sont que des palliatifs.

§ XII. — On nous ferait espérer que le drainage, qui a beaucoup amélioré la salubrité des contrées d'Angleterre où on l'a employé, pourrait produire un effet analogue en Dombes ; mais il ne pourrait pas assainir les marais qui entourent l'étang, où bien il viderait les eaux de l'étang lui-même ; avec ces marais, et par conséquent avec les étangs qui les produisent, restera donc l'insalubrité. Et, puis, le drainage, pour réussir, demande à égoutter les eaux de ses *drains*, placés, en moyenne, à 1^m 30^c de profondeur, et qui, en outre, ont besoin d'une pente très-sensible, dans un pli de terrain plus bas que leur orifice ; mais les plis de terrain sont le plus souvent remplis de l'eau des étangs ; les *drains* donc, ni les fossés qui rassemblent leurs eaux, ne pourraient s'y vider ; les eaux des étangs, au contraire, les engorgeraient et augmenteraient le mal au lieu d'y remédier ; partout donc où le sol du plateau qu'on voudrait *drainer* ne trouverait pas un pli de terrain libre pour évacuer ses eaux, et où le niveau du plateau se rapprocherait de celui des étangs ; le *drainage* et tous ses bienfaits ne seraient possibles qu'après leur disparition.

§. XIII. — On a proposé plusieurs moyens de conserver les étangs en les assainissant ; ces divers moyens sont fondés sur une considération dont nous ne contesterons pas la justesse, c'est que les eaux profondes ne donnent point lieu à des émanations insalubres.

M. Guerre, il y a vingt-cinq ans, lors de la dernière discussion sur le desséchement des étangs, et avant lui, peut-être, d'autres de leurs défenseurs, ont proposé deux moyens de parer à leur insalubrité. M. de Saint-Venant, ingénieur en chef des ponts et-chaussées, les a de nouveau discutés et développés ; il conclut de sa discussion que les moyens proposés, trop dispendieux pour des étangs qu'on cultiverait pour le produit en poisson, peuvent convenir quand on les destine à des irrigations ; nous sommes peu éloigné d'admettre l'opinion de M. de Saint-Venant ; mais notre appréciation nous conduit à trouver les dépenses beaucoup plus considérables que lui.

Le premier de ces moyens consiste à creuser les bords des

étangs, de manière à ce que dans les eaux basses il en reste
dans les parties les moins profondes, une couche de 20 centimètres au moins; mais nous avons dit qu'il y avait, en moyenne,
un quart au moins de la surface de l'étang qui perdait ses
eaux en été; on devra donc creuser, en surplus de ce quart,
toutes les parties voisines, de manière à y maintenir 20 centimètres d'eau dans l'étiage; et comme ce terrain pour pouvoir
être cultivé et ne pas former un marais sur l'étang en assec, doit
conserver de la pente, le creusement devra, par cette double
raison, se prolonger encore plus loin, et, au lieu du quart,
s'étendre à un tiers, au moins, de la surface.

Pour arriver maintenant à quelque chose de précis, admet-
tons un étang de 12 hectares, étendue moyenne de nos étangs;
pour avoir la profondeur de terre à creuser et enlever, nous
remarquerons que les eaux, en moyenne, s'abaissent bien chaque
année, pendant l'été de 60 centimètres, au moins, auxquels
nous devrons joindre les 20 centimètres d'eau que nous voulons
maintenir sur les bords les plus élevés; le creusement devra
donc avoir lieu sur un tiers de la surface, soit 4 hectares, com-
mençant à 80 centimètres et finissant à zéro; le contour plus
ou moins sinueux du bord de l'étang, de 12 hectares, en
supposant qu'il n'ait point de bifurcations, sera au moins de
8 à 900 mètres; et le déblai aura lieu sur 50 mètres de largeur,
ce qui donne une section de 20 mètres carrés de surface sur
800 mètres de développement, et par conséquent un déblai de
16 mille mètres cubes de terre à enlever et qu'il faudrait peut-être
charrier au loin; nous croyons, par cette double raison, devoir
évaluer à 50 centimes le mètre cube de ce travail, ce qui cons-
tituerait, pour l'étang, une dépense de 8000 fr., ou de 666 fr.
par hectare. Remarquons après cela, qu'on aura enlevé toute
la couche végétale sur un tiers de la surface qui, pendant 20 ans
au moins restera ingrate pour le produit en labour et pour celui
en poisson. Maintenant à qui peut-on demander un pareil travail, une pareille avance, qui équivaudrait souvent à la valeur
du fonds? Ce n'est pas au propriétaire qui abandonnerait son

fonds plutôt que de subir cette condition ; ce serait encore moins à l'État. Et, puis, ce moyen serait loin de remédier au marais formé par les eaux intérieures du sol, que l'eau des étangs, en soutenant leur niveau, continuera de rendre stagnantes et par conséquent insalubres ; et, enfin, il ne diminuerait en rien l'insalubrité produite par les infiltrations de la chaussée.

Le second moyen consisterait à entourer la partie de terrain qui reste couverte de moins de 20 centimètres d'eau pendant l'été, par une chaussée, c'est-à-dire à séparer de l'étang le tiers au moins de sa surface ; mais cette longue chaussée demanderait beaucoup d'apport de terre qu'il faudrait peut-être aller chercher au loin ; on s'épargnerait, il est vrai, ce transport, en plaçant cette chaussée dans un position telle que, soit le déblai qu'on ferait dans l'étang, dans le même système que le précédent, soit celui qu'on sortirait de la rigole de ceinture qu'il devient nécessaire de pratiquer au bord extérieur de la chaussée, pussent lui fournir toute la masse terreuse dont elle aurait besoin ; cette chaussée, qui aurait 6 à 700 mètres de développement, et de 80 centimètres à 1 mètre de hauteur, devrait avoir 8 mètres de base, 2 mètres de terre plein, et dans son milieu un *corroi* ou *clare*, comme la chaussée principale ; elle coûterait bien aussi en raison de cette *clare*, du dressement du sol et de la pente régulière qu'on doit conserver au terrain, 50 centimes le mètre cube ; il s'ensuivrait que cette chaussée de 5 mètres de section et de 650 mètres de développement, demanderait un remblai de 3,750 mètres, et coûterait 1,875 fr.; mais elle doit être accompagnée d'un fossé de ceinture ; et ce fossé, à son extrémité où il rencontre la chaussée principale, devrait avoir une écluse, qui, par sa fermeture, donne le moyen à la partie qui reste en étang de se remplir à l'ancien niveau ; une seconde écluse devra ensuite être pratiquée au point où le bief rencontre la nouvelle chaussée, et serait accompagnée d'une grille pour empêcher le poisson de fuir ; cette écluse se fermerait lorsque l'étang serait plein à son ancien niveau ; mais ces deux écluses, pour être solidement construites, coûteraient au moins 600 francs ; la dépense totale serait donc de 2,425 fr. pour les 9 à 10 hectares qui resteraient en étang, ce qui fait pour chacun d'eux une dépense de 260 francs.

Mais ce nouvel étang dont les eaux seront soutenues au-dessus du sol par un développement de chaussées de plus de 1,000 mètres, perdra ses eaux sur tout ce développement par des infiltrations incessantes ; l'écluse en tête du bief, quelque bien établie qu'elle soit, les perdra aussi. Et, puis, dans l'ancien état des choses, l'étang profitait de toutes les eaux de pluie ; ici il n'en pourrait profiter que très-rarement, parce qu'il faudrait que les pluies d'été fussent assez fortes pour pouvoir remplir la partie retranchée de l'étang, à un niveau supérieur à celui des eaux restant dans l'étang, ce qui serait très-rare en été ; l'étang perdrait donc beaucoup d'eau par les filtrations, profiterait très-rarement de l'eau des pluies ; les eaux baisse-raient donc beaucoup plus que dans l'étang ancien qui ne subissait pas ces deux causes de perte ; et il resterait un étang de 9 à 10 hectares dont toute la circonférence éprouverait des pertes d'eau incessantes et insalubres, dont un quart ou un cinquième de la surface aurait perdu sa couche végétale, par conséquent ses produits, et qui aurait coûté en dépense préli-minaire 260 fr. par hectare, et exigerait de grands entretiens de chaussée et d'écluse ; ce moyen, moins dispendieux que le premier, serait cependant plus mauvais encore, en raison de la difficulté d'y conserver des eaux et de l'entretien qu'il exigerait.

Enfin M. de Saint-Venant modifierait le premier moyen que nous avons indiqué, de manière à le rendre moins dispendieux ; il diviserait le terrain à déblayer, en bandes parallèles dont chacune recevrait les déblais de sa voisine ; les bandes en rem-blai, pour pouvoir être utilisées par des plantations, devraient avoir 50 centimètres de terre au moins au-dessus de l'étang plein ; les bandes déblayées, pour pouvoir fournir à celles en remblai la terre nécessaire, devraient avoir deux à trois fois leur largeur, et les terres de la partie supérieure du déblai, devraient être rapportées en plus grande partie sur la partie inférieure du remblai, qu'on tiendrait à un même niveau sur toute son étendue; ce travail pourrait coûter moitié du premier, c'est-à-dire 4,000 francs, ou 333 francs par hectare; mais le produit des parties en déblai serait nul, parce qu'elles seraient trop étroites et trop humides; et puis, si le terrain était d'une argile tenace, les peupliers ne pourraient guère réussir sur les remblais; ils ont péri dans un travail analogue que nous avons fait dans un étang desséché; le peuplier demande, pour réussir, un sol meuble et perméable.

En résumé, ces trois moyens exigeraient des dépenses qu'il est impossible de demander aux particuliers et que l'État ne ferait sans doute pas à ses frais. Et puis, dans notre pays, avec l'étendue et le nombre de ses étangs, ils continueraient d'entretenir le marais intérieur du sol, que nous regardons comme l'une des causes essentielles de l'insalubrité; et si on voulait les imposer aux propriétaires, ils équivaudraient les uns ou les autres à la loi de 1793 et forceraient à un desséchement simultané, mesure impolitique autant que ruineuse, dont il est inutile de rappeler les nombreux inconvénients et les tristes résultats.

D'ailleurs, ces moyens ne peuvent être employés que sur les étangs appartenant à un seul propriétaire qui possède à la fois l'évolage et l'assec, c'est-à-dire le produit en poisson et en labour. Et puis enfin, dans ce cas même, si les étangs recevaient l'eau de plusieurs inflexions de terrain, les difficultés et les dépenses d'exécution se multiplieraient.

§ XIV. — Si tous les développements dans lesquels nous venons d'entrer ne nous permettent pas d'admettre d'amélioration sensible en Dombes, pour la salubrité, il n'en serait pas de même pour l'agriculture; le sol de Dombes, originairement de bonne qualité, mais épuisé par une culture séculaire sans engrais, s'est en quelque sorte réveillé de sa léthargie par l'amendement de la chaux; il produit dans ce moment une quantité de froment qui nous paraît double au moins de celle qu'il produisait il y a 30 ans; les bestiaux y sont devenus plus nombreux, le trèfle suppléé en partie aux prés dont les étangs occupent encore la place; partout enfin où la chaux a été donnée au sol, la face de la culture a changé, le froment a pris la place du seigle, l'étendue de la jachère a diminué, les fourrages sont devenus plus abondants, et c'est par milliers d'hectolitres que la chaux arrive depuis plusieurs années sur presque tous les points de la Dombes. En outre, l'ouverture d'une grand'route, l'amélioration de quelques chemins vicinaux, ont facilité l'exportation des produits et l'importation de la chaux: avec les produits accrus, un peu d'aisance est arrivée chez les cultivateurs, la nourriture s'est améliorée, le bas prix du vin en a permis l'usage dans quelques ménages, et on pourrait croire à une amélioration dans la santé des individus si les faits malheureusement ne détruisaient cette opinion.

Au milieu de cette renaissance agricole, le nombre relatif des morts jusqu'ici aurait plutôt augmenté que diminué, puisque nous avons vu que la vie moyenne était plutôt affaiblie qu'accrue, malgré les immigrations plus nombreuses d'individus au-dessus de 20 ans.

On pourrait même s'expliquer comment, avec ces améliorations en produits et en aisance, la mortalité aurait plutôt augmenté que diminué; les produits accrus, la jachère diminuée d'étendue, les cultures sarclées agrandies, ont demandé plus de travail à la population indigène; la mort aurait donc frappé plus rapidement ces hommes affaiblis par la maladie qui se sont livrés à un plus fort travail.

§ XV. — Si cependant l'amendement de la chaux continue à s'étendre, on devrait en espérer une amélioration sensible dans la salubrité; les pays à sols calcaires sont généralement sains, les marais y sont moins malfaisants; la chaux, on le sait, détruit les miasmes, assainit les habitations; le chlorure de chaux, entre les mains du docteur Parizet, a arrêté la contagion de la peste d'Egypte; il semblerait donc que les émanations malfaisantes du sol se modifient par leur contact avec

13

les molécules calcaires, et on cite des pays entiers dont l'état sanitaire a été grandement amélioré par l'emploi de la chaux ou de la marne ; mais ce ne serait que de leur emploi plus général sur le sol qu'on pourrait espérer une amélioration sensible ; déjà les produits avantageux de toute nature qu'elles déterminent ont fait connaître toute la faculté productrice de ce sol, épuisé cependant par de longues cultures sans engrais ; ils devraient donc engager à multiplier l'étendue de la terre labourable et des prairies sur l'emplacement actuel des étangs ; déjà, il est vrai, de zélés propriétaires ont desséché et mis les leurs en prés, et, en y joignant les chaulages, ils ont presque entièrement assaini leurs propriétés, mais ces dessèchements ne forment encore que d'assez rares *oasis*, eu égard à la grande étendue du pays inondé.

Et puis, nous ne devons pas le dissimuler, cette fécondité que détermine l'emploi de la chaux ne sera qu'éphémère si le pays reste sans prairies, si les étangs ne leur cèdent la place qu'elles ont occupée jadis ; elles sont absolument nécessaires pour entretenir la fécondité du sol chaulé par l'engrais que fournirait la consommation de leur produit par les bestiaux ; les prairies artificielles sont sans doute une grande ressource pour nos pays, mais nos printemps secs font manquer assez souvent leur première récolte, plus souvent encore la seconde, pendant que les prés placés presque toujours dans des terres fraîches et humides craignent beaucoup moins la sécheresse ; et leur première récolte nécessaire à la consommation d'hiver est toujours plus ou moins productive ; la chaux hâte la consommation de l'humus du sol ; la terre, après un second ou troisième chaulage, si on ne lui a pas donné des engrais en proportion des produits, cesse d'en ressentir l'effet fécondant ; elle est plus épuisée qu'avant son emploi, et on voit alors se vérifier de nouveau le proverbe, *que la chaux enrichit les pères et ruine les enfants*.

La Dombes semblait avoir trouvé le principe de sa régénération dans la chaux employée en mesure convenable, mais il est encore difficile de la faire arriver ; le milieu du plateau est bien éloigné des lieux de sa fabrication ; sa grande surface ne renferme aucune roche calcaire , et on n'en rencontre guère que sur le littoral opposé des rivières ; la chaux est donc payée chèrement par le cultivateur, parce que les chemins vicinaux, pour la faire arriver, sont la plupart mauvais et manquent même souvent ; leur amélioration serait donc d'une grande importance ; déjà nous avons vu les avantages produits par les routes nouvelles , mais ces routes ont besoin de se multiplier, autant pour faciliter l'arrivée de l'amendement que l'exportation des produits ; sans doute une bonne viabilité a peu d'influence sur la salubrité, mais elle concourt à amener l'aisance dans un pays , et avec l'aisance arrivent les capitaux avec lesquels on peut travailler à la salubrité.

§ XVI. — Il nous semble prouvé de la manière la plus précise, par toutes les considérations qui précèdent , qu'il n'y a de salut possible , pour la Dombes, que dans le desséchement de ses étangs et leur rétablissement en prés ; il nous resterait à développer les moyens d'arriver à cette grande amélioration, à indiquer les conditions de son succès et les mesures législatives nécessaires pour la faciliter ; c'est bien là la partie la plus difficile de la tâche que nous nous sommes imposée ; le reste était un simple exposé de faits dont il fallait constater l'exactitude.

Dans ce que nous demandons à la législation , nous repoussons toute mesure analogue à celle de 1793 qui ordonnait, sous peine de confiscation, le desséchement de tous les étangs dans l'espace de trois mois ; cette mesure révolutionnaire n'a produit que de fâcheux résultats ; le desséchement, pour qu'il puisse réussir, doit être progressif, et en plus grande partie amené par la conviction ; les mesures nouvelles que nous demanderons à la législation se borneraient à délivrer le sol des étangs de servitudes spéciales , qui les enchaînent à un ordre de choses funeste à la salubrité.

Tous les desséchements opérés sous des conditions convenables par les propriétaires ont obtenu de grands produits, mais ces produits n'ont pas suffi pour engager leurs voisins à les imiter; le dessèchement et la mise en valeur des étangs présentent d'assez nombreuses difficultés; et d'abord ils exigent des avances assez considérables pour que la plupart des propriétaires et surtout les fermiers ne puissent pas les faire.

Pour en juger, entrons dans la pratique du dessèchement d'un étang dans le cas le plus simple, celui où il appartient à un seul propriétaire.

1. Ainsi que nous l'avons dit, le sol et le sous-sol du plateau de Dombes sont d'une nature très-peu perméable; mais le séjour et la charge d'une colonne d'eau de 2 à 3 mètres de hauteur, depuis un ou deux siècles, ont serré, tassé de plus en plus ce terrain et achevé de le rendre à peu près imperméable; le labour, tous les deux ou trois ans, ameublit bien en partie la terre de la surface, mais ce labour se borne au plus à une tranchée de 15 à 20 centimètres; il reste après cela sous cette couche une pareille épaisseur que le poids des eaux a serrée et qui se tasse de plus en plus sous l'action triennale de la charrue et de la culture; cette couche de terrain qui, dans le pays, prend le nom de béton, a besoin d'être rompue, pour permettre aux eaux de pénétrer dans les profondeurs du sol et d'assainir la couche végétale; il faut, pour ce travail, l'action d'une puissante charrue, ou mieux encore d'un défoncement à bras.

Et puis, si l'on veut faciliter l'ameublissement de la couche de sous-sol ramenée à la surface, il devient nécessaire d'y répandre 40 hectolitres au moins de chaux par hectare, à l'aide desquels et de doses suffisantes d'engrais la terre peut produire les récoltes les plus profitables; après deux ou trois ans de produits de la terre en labour, qu'on fume en prévision de ceux qu'on espère et en compensation de ceux obtenus, on nivèle le terrain et on le sème en pré; sur ce pré, après son établissement, on conduit avec soin les eaux qui servaient à remplir l'étang, et on obtient une abondante provision de fourrage sec pour l'hiver ou on a un pâturage d'excellente qualité, ainsi que le prouvent les travaux de MM. Nivière, Bodin, Jaëger, Greppo, Pingeon, Gonod, etc.; leurs prés avec toutes les eaux qui remplissaient et entretenaient les étangs, fumés au besoin dans les parties qui ne reçoivent pas assez d'eau, donnent d'excellent foin sans aucun mélange d'herbes marécageuses. Et ce n'est pas un produit temporaire qu'ils obtiennent; plusieurs de ces dessèchement datent de 20 ans et plus, et le produit se soutient en quantité comme en qualité.

Mais pour arriver à ce point, le défoncement, le chaulage et l'engrais, avant tout produit, auront entraîné une forte dépense, à laquelle il faudra ajouter encore une année de chomage du sol et tous les frais et les retards qu'entraine la mise en pré; ces dépenses ne peuvent évidemment se faire sans le concours des propriétaires; les fermiers ne peuvent songer à entreprendre à eux seuls de grands dessèchements, les dépenses se compenseraient sans doute au bout d'un certain temps par le produit plus grand de la terre en labour et en pré; mais nos fermiers sont loin d'être assez riches pour pouvoir les prendre sur leur capital circulant, et ils trouveraient la ruine dans une opération dont le propriétaire retirerait plus tard l'avantage.

Les dessèchements, d'ailleurs, exigeraient peu de constructions, parce que les bassins des étangs, qui formaient autrefois les prairies du pays, doivent, la plupart, reprendre leur ancienne destination et alimenter, dans les exploitations, des bestiaux plus nombreux, pour lesquels il suffira de construire quelques écuries nouvelles ou d'agrandir les anciennes; les grands étangs, desséchés eux mêmes, pourront se dispenser de construire, parce que ces grands fonds reçoivent toutes les eaux qui les remplissaient précédemment et qui leur arrivaient de grandes étendues de terrains en culture; les grands étangs pourront donc s'*appreyer* aussi bien que les petits, et le fourrage, qui dépassera les besoins de l'exploitation dont ils dépendent, s'amodierait à bon prix aux exploitations voisines.

2. Il est un second moyen de tirer partie du sol de l'étang desséché et mis en pré, moyen plus simple que celui qui précède, qui ne demande à sa suite point de main-d'œuvre ni de constructions; ce serait d'en faire un pré d'embouche, dont les produits auraient un débouché bien assuré dans la grande ville; le succès, à ce que nous pensons, laisserait peu de doute en remplissant les conditions de défoncement, de chaulage et d'engrais. Non loin de nous, l'Allier et la Nièvre ont créé de bonnes embouches sur un sol de même nature que le nôtre, et celles très-étendues du pays de Bray sont aussi, en grande partie, sur sol argilo-siliceux.

Les embouches du Charollais, que nous avons visités à plusieurs reprises, n'ont pas meilleure apparence que celles des prés de Dombes que nous venons de citer; nous pensons encore que, comme celles du pays de Bray, et placées en sol et situation analogues, elles craindraient moins la sécheresse; et leur sol assaini par le défoncement, et raffermi par la culture, ne craindrait point les pieds des animaux dans les temps humides.

M. Moll, ancien professeur de Roville, aussi habile en pratique qu'en théorie, dans un mémoire spécial sur nos étangs qu'il regarde comme la seule cause de l'insalubrité de la contrée, propose, comme nous, en les desséchant, de les transformer en pâturages permanents; il s'appuye, pour donner ce conseil, sur le succès que cet assolement a eu dans le pays de Bray, dont le sol est tout à fait analogue au nôtre. Toutefois, on pourrait faire à cet emploi des prairies le reproche qu'il mérite dans tous les pays d'embouche, de n'offrir aucune ressource au reste du sol de la contrée, et de réduire par là les terres en labour à un faible produit. Ici, comme les étangs ont de grandes étendues, rien n'empêcherait d'en faucher la moitié, par exemple, pour la provision de l'hiver, en laissant l'autre en pâturage pour l'engrais des bêtes bovines.

3. Lorsqu'on dessèche des étangs auxquels l'eau manquait d'ordinaire pour se remplir, ou qui la perdaient pendant la saison, il peut arriver que leur transformation en pré offre moins

d'avantage que leur culture en labour, on y trouve alors les meilleures terres de l'exploitation. Nous trouvons dans la pratique intelligente de M. Nivière un moyen d'en tirer un grand parti ; il applique à ses étangs en labour, préalablement défoncés et chaulés, un assolement de cinq ans, dans lequel il obtient, au moyen de deux jachères d'été et avec une seule fumure, trois années de céréales et deux années de fourrage ; cet assolement se suffit de reste à lui-même, et produit, pour chaque sole, 50 mille kilogr. de fumier par hectare, donné au commencement de l'assolement ; il commence par la vesce de printemps, semée de bonne heure, à laquelle il applique son engrais ; il coupe en vert et donne après la récolte une jachère d'été sur laquelle il sème du froment ; sur ce froment, au printemps, il sème du trèfle qui lui donne déjà une première coupe à la fin de l'été ; la troisième année il défriche son trèfle après la première coupe, et prépare par une jachère d'été le retour de froment de la quatrième année ; enfin après deux labours soignés, il sème du seigle pour sa cinquième année. Ses fourrages sont le trèfle ordinaire, le trèfle incarnat, la vesce d'hiver et la vesce de printemps, deux fourrages hâtifs et deux autres qui se succèdent ; il les distribue sur ses soles de manière à ce que leur consommation en vert s'échelonne jusque dans le mois de juillet ; il commence par le trèfle incarnat, auquel il fait succéder la vesce d'hiver ; puis le trèfle rouge, et enfin, la vesce de printemps.

Cet assolement offre de grands avantages dans sa position particulière et dans toutes celles analogues où la main-d'œuvre est chère ; ses jachères d'été suffisent pour tenir son sol net de mauvaises herbes ; le trèfle y revient au plus tôt tous les cinq ans ; sa fumure de 500 quintaux métriques, aisément produite par son assolement, suffit pour assurer ses cinq récoltes, et nous avons vu ses seigles de la cinquième année donner un très-bon produit. Et, puis, cet assolement dispense de tout sarclage, la charrue fait tout l'ameublissement du sol. On moissonne ensuite avec la faulx, on bat à la machine ; enfin les produits sont des grains, des bestiaux engraissés, dont la vente est assurée. M. Nivière engraisse dans ce moment 88 bœufs avec ses fourrages verts, auxquels il ajoute de la farine pour terminer l'engraissement.

On conçoit que dans d'autres combinaisons agricoles, ces fourrages peuvent être rentrés secs pour la provision d'hiver, en sorte que l'assolement n'implique pas la nécessité de l'engrais des bestiaux, spéculation qui n'est pas à la portée de tous les agriculteurs; mais cet assolement, avec les modifications que les circonstances pourraient commander, nous semble convenir éminemment aux étangs desséchés de Dombes qu'on n'aurait pas d'avantage à mettre en pré.

4. On pourrait compter encore un quatrième moyen de tirer parti des étangs de la plus mauvaise qualité, étangs qui, avec un entretien dispendieux, produisent à peine 15 francs par hectare.

Ces étangs sont d'ordinaire d'un sol argileux, tenace, dont l'imperméabilité est presque absolue; néanmoins, plantés convenablement en bois, ils arrivent à donner un très bon produit; dans ce cas, on se dispense des trois conditions les plus chères des deux premières méthodes que nous avons indiquées, de défoncement, de chaulage et d'engrais; cependant il est encore essentiel pour le succès sur cette nature de sol d'effondrer, pour chaque creux de plantation, le béton qui ferme le sous-sol aux racines du plant, et interdit tout passage aux eaux superflues de la couche supérieure; mais il suffit pour cela de donner à ses creux de plantations 40 centimètres de profondeur; avec cette condition les plantations réussissent et donnent bientôt un produit très-supérieur à celui de l'étang en poisson, d'autant mieux qu'elles n'exigent point d'entretien et qu'on jouit pendant 20 ans, en vertu de la loi, de l'exemption des 3/4 de l'impôt.

La plupart de ces étangs, en sol dur et tenace, sont à fond plat, et lorsqu'on les cultive en avoine on les égoutte avec des raies de charrues profondes qui vident au bief; il faut, lorsqu'on plante, faire, de ces raies ouvertes, des fossés un peu plus larges et plus profonds; ce travail se fait économiquement avec la charrue et avec des hommes qui la suivent pour sortir la terre de la raie à mesure qu'elle est soulevée; on donne au besoin, pour approfondir, un second coup de charrue. En outre, les étangs d'ordinaire sont entourés de fossés remplis d'eau qui s'infiltre à distance dans les terres du bord de l'étang; on fait écouler cette eau en poussant jusqu'à eux plusieurs des petits fossés dont nous venons de parler; on a encore, au besoin, curé le bief. Avec ces précautions et l'effondrement du sol sous chaque plant, l'eau des pluies s'évacue à mesure qu'elle tombe ou qu'elle arrive des parties supérieures; le sol se trouve ainsi assaini, circonstance aussi essentielle pour les bois que pour les terres en labour.

Enfin pour compléter le travail, il est convenable dans ce cas, comme dans ceux qui précèdent, de remplacer le thou et son canal en bois qui traverse la chaussée par un canal en pierres ou en briques, d'une dimension plus forte que l'ancien; avec ces conditions remplies, on arrive à avoir des bois plus vigoureux et meilleurs que ceux des environs, parce que le sol, en grande partie d'alluvion, en est de meilleure qualité, et que c'est un sol neuf pour la production des bois. Pour les parties les plus basses on préfère les bouleaux, vernes, chênes, charmes; les deux premières espèces hâtives donnent déjà un très-bon produit au bout de 10 à 12 ans; et puis elles soulèvent et préparent le sol pour le succès des deux autres plus tardives dans leur développement. On peut peupler les parties les plus saines d'essences résineuses, épicéas, pins d'Autriche, sapins blancs; les mélèzes ne se plantent que dans les parties sèches où viennent la fougère et la bruyère; le pin Sylvestre ordinaire réussit partout, mais il ne file pas, se jette en branches et donne peu de bois de service; le pin maritime gèle presque tous les ans, le Laricio souvent; le pin Sylvestre d'Haguenau ou de Riga file et réussit très-bien; mais ces deux variétés abondent dans les catalogues et sont rares dans les pépinières; en sorte qu'on risque, après les avoir payées plus cher, de n'avoir, comme nous, le plus souvent, que le pin Sylvestre ordinaire.

Un travail de cette espèce, commencé depuis plus de vingt ans, a boisé 100 hectares d'étangs, et nous sommes entrés depuis plusieurs années en produit, là où nous nous sommes contentés de taillis, de bois feuillus, plutôt que de futaies d'espèces résineuses.

En résumé donc, dans les différents moyens de tirer parti des étangs desséchés que nous venons de développer, les premières avances finissent par aboutir à des résultats d'un avantage notable.

Toutefois, avant d'entreprendre un grand desséchement, il faut bien mesurer ses forces; il faut qu'elles soient en rapport avec l'étendue de l'entreprise. En agriculture plus qu'ailleurs, les débutants, surtout s'ils ont réussi dans quelque industrie spéciale, se laissent aller à trop de confiance dans l'avenir et en eux-mêmes, et sont souvent tentés d'embrasser plus qu'ils ne peuvent étreindre. Il ne faut pas oublier qu'outre les avances matérielles de chaux, de défoncement et d'engrais, on perd encore deux années au moins de revenus pour arriver au produit en prairies. On doit donc, dans le début, entreprendre peu, payer de sa présence presque assidue, s'armer de patience, qualité qui n'est guère dans le caractère français; on doit enfin ne pas compromettre l'avenir pour améliorer le présent; le succès a couronné tous les propriétaires qui ont suivi cette marche; il a échappé à ceux qui ont entrepris au-delà de leurs forces, qui ont manqué d'esprit de suite, ou qui, sans expérience pratique, avec le désir de bien faire et quelques avances, ont cru pouvoir s'improviser agriculteurs.

Lorsqu'on veut dessécher une propriété de quelque étendue et qui compte des étangs nombreux et de qualité supérieure, il est à propos de commencer par ceux qui peuvent le plus convenablement se mettre en prés; ils exigent peu de constructions, et une fois en prés, ils ne demandent qu'un faible accroisse-

ment de main-d'œuvre, et, par la consommation de leur fourrage, donnent de l'engrais, nerf de la culture, et de l'argent
par la vente du surplus des denrées et du croît des bestiaux ;
lorsque les exploitations surabonderont en fourrage, les nouveaux prés qu'on établira pourront s'exploiter en prés d'embouche.

Si ensuite on a des étangs qui reçoivent peu d'eau ou des
eaux de mauvaise qualité, on les convertira en terres ; avec ces
derniers, pourra se manifester le besoin de constructions
nouvelles.

Enfin, on peut avoir des étangs d'un sol argileux, tenace, à
fond plat ; ces étangs n'ont pu être établis que dans un moment
de fol engouement ; on ne peut avoir aucun intérêt à les conserver, parce qu'ils sont d'un faible produit ; dans ce cas, on
les plantera en bois comme nous venons de l'expliquer ; cependant nous pensons que si l'on est sur les lieux, avec une culture
soignée, un défoncement profond, des soins spéciaux d'ameublissement, de la chaux et de l'engrais, on pourrait les amener
à un bon produit en terres, ou même en prés si les eaux
abondent. La terre argileuse bien cultivée offre de grandes
ressources, mais sa culture demande plus de travail et plus
d'avances que celle de consistance moyenne.

Nous pourrions citer des succès déjà nombreux en prés et
terres qui ont pris la place des étangs ; des foins abondants et
de bonne qualité, des froments qui le disputent en beauté à ceux
des meilleurs pays, y donnent des produits évidemment supérieurs aux anciens ; ils devraient porter la conviction dans les
esprits ; mais on s'effraie des avances, et plus d'un exemple
prouve que c'est avec raison ; si cet obstacle pouvait se lever
ou du moins s'amoindrir par des encouragements partis d'en
haut, on verrait les dessèchements s'étendre, la salubrité comme
l'aisance faire des progrès ; la population accourrait, parce que
les salaires continueraient d'être élevés et qu'on aurait moins
à craindre la maladie ; elle irait croissant, et bientôt on verrait
ce pays, à l'aide de la chaux et de ses prairies nouvelles, arriver
à un état plus prospère que la Bresse elle-même, parce que son

sol est moins imperméable, plus profond, plus meuble, d'un travail plus facile. Et ce ne serait pas là un faible résultat ; on rappellerait ainsi à la vie 13 à 1400 kilomètres carrés de surface qui arriveraient d'une population de 20 individus par kilomètre à plus de 60 comme en Bresse ; et le surplus de produit de cette grande étendue suffirait en grande partie à l'alimentation de la grande ville voisine ; ce serait là une colonisation bien autrement importante et surtout moins dispendieuse que les colonies lointaines qui continuent d'être si fort à charge au pays. Mais là ne se bornerait pas le résultat du desséchement ; la destruction du foyer d'insalubrité rendrait à sa salubrité native une étendue trois ou quatre fois plus considérable, sur laquelle, comme nous l'avons vu, il irradie ses miasmes.

§ XVII. — Mais après avoir développé les différens moyens de tirer parti des étangs desséchés, il devient tout-à-fait convenable d'évaluer d'une manière précise la dépense et le travail à faire pour voir renaître la prairie à la place d'où l'étang l'avait chassée.

Le défoncement doit descendre de 35 à 40 centimètres en moyenne ; il peut se faire à la charrue avec un puissant attelage ; nous l'avons vu exécuter d'une manière assez convenable à la Saulsaie par quatre bœufs très-forts ; cependant, au défaut d'un attelage de cette force, à la suite de la charrue qui ouvre une raie profonde, un second coup achèverait de rompre le béton et se donnerait avec une charrue sans oreille ou avec la charrue fouilleuse dont on trouve le modèle à la Saulsaie ; avec cette charrue, la partie de sol remuée par elle reste en place, ce qui est plus à propos que de la mettre à la surface ; huit à dix journées de charrue conduites par des bœufs, et six à huit par des chevaux, peuvent de cette manière défoncer un hectare, et, en choisissant son temps, coûteraient de 70 à 80 francs ; avec un troisième labour et deux hersages, la partie de sous-sol qui, jadis, a appartenu à la surface, ramenée au jour par le premier labour profond, s'ameublirait pendant l'été sous l'influence de l'air et du soleil. En donnant 40 hectolitres de chaux (1) en valeur de 60 à 70 francs et une fumure de 20 mille kilogr., on obtiendra une abondante céréale d'hiver. On sème d'ordinaire un trèfle sur cette céréale; l'année suivante, on en recueille deux coupes; sur la 3me, qu'on enterre à la charrue, on sème du froment; après la récolte, des labours suivis de hersages achèvent d'ameublir le sol; on le nivèle, on le dresse et on sème à l'automne la graine de foin sur laquelle on répand, s'il se peut, 20 mille kilogr. de fumier qui représentent celui que la consommation en vert du trèfle de l'année précédente a pu fournir à l'exploitation.

Plusieurs font, au froment de la première année, succéder une récolte sarclée qui aide beaucoup à l'ameublissement du sol, mais elle l'épuise et donne peu d'engrais, pendant que le trèfle n'épuise pas et fournit par sa consommation au moins autant de fumier qu'il est besoin d'en donner au semis de graines de foin de l'année suivante. Il y aurait, à ce qu'il nous semble, de l'avantage à remplacer le trèfle par la vesce d'hiver qui donne presque autant de fourrage; on donnerait alors une jachère d'été qui ameublirait puissamment le sol sur lequel on sèmerait le froment de la dernière année.

En résumé, en comptant la chaux, le défoncement, l'engrais, la main-d'œuvre, les labours, et une année au moins de revenu perdu par le défrichement, le dressement du terrain, les frais, le temps, les semences nécessaires à la mise en pré, et une nouvelle année à peu près sans produit, nous arrivons à une dépense de plus de 350 fr. (2) par hectare, alors même qu'on

(1) On en emploie d'ordinaire une plus forte dose, mais nous pensons que celle de 40 hectolitres peut suffire si on l'épanche avec soin et par un temps favorable; elle équivaut au chaulage *foncier* de Flandre de 4 mètres cubes, et elle est triple ou quadruple du chaulage *d'assolement* de la Sarthe et de Maine-et-Loire.

(2) Cette dépense a été évaluée dans l'enquête, par MM. Greppo fils, à 360 f.

—	Catinel,...... 375
—	Bodin 380
—	Crozier,...... 540
—	Greppo père, 600

compense une partie des dépenses par un surplus de produit.

M. Jaëger, cultivateur distingué, et surtout aussi modeste que judicieux, qui a fait à petit bruit sur sa propriété des améliorations très-remarquables dont nous nous proposons de rendre compte, partage ses avances sur son étang desséché en deux époques ; la première année, sur une jachère complète qu'il chaule à 40 hectolitres par hectare, il sème du froment qu'il fume à 20 mille kilogr ; au printemps, sur son froment, il sème un trèfle, et sur son trèfle, dont il enterre la 3e coupe, il sème un second froment ; après ce froment, arrive le défoncement qu'il fait avec deux charrues dans la raie ; il donne un nouveau chaulage qu'il regarde comme le complément du premier et sème des vesces d'hiver ; après leur consommation en vert, il applique à son sol une jachère d'été et sème du froment après lequel il nivèle sa surface et sème en automne sa graine de foin sur laquelle il répand une fumure de 20 mille kilogr. ; il achète ordinairement sa graine à Lyon ou à Paris, chez M. Vilmorin ; cependant nous ne pensons pas qu'on en puisse trouver de meilleure que celle que son foin doit laisser dans ses fenils ; ses prés ne renferment pas une mauvaise plante ; peut-être faudrait-il y ajouter les variétés tardives qui ne sont pas assez mûres à l'époque de la fauchaison.

La dépense de M. Jaëger n'est pas moins considérable que celle que nous avons décrite ; mais, en la partageant entre deux époques, il trouve l'avantage de faire en partie la seconde dépense avec les produits de la première.

M. Jaëger, ainsi que nous l'avons dit, défonce avec deux coups de charrue ; d'autres placent à la suite de la charrue, dans la raie d'un labour profond, douze à quinze hommes qui lèvent et jettent avec la bêche sur la surface labourée une couche de sous-sol de 15 à 20 centimètres ; la dépense est alors de 100 à 120 francs par hectare ; elle est de 240 à 300 francs pour un défoncement à deux fers de bêche de 50 centimètres ; ce dernier procédé augmente beaucoup la dépense ; le succès peut être complet sans l'employer, et nous pensons qu'une dépense totale de 350 francs par hectare est déjà bien lourde dans le temps présent ; on ne peut l'attendre de nos fermiers déjà fortement arriérés ; il faut donc que les propriétaires viennent à leur aide, ce qui n'est pas toujours au goût, ni surtout au pouvoir de la plupart d'entre eux. Ainsi donc, dès l'abord, nous trouvons un premier et grand obstacle au dessèchement dans la pauvreté de nos fermiers, et les faibles ressources, surtout dans le temps présent, de presque tous les propriétaires.

§ XVIII. — Mais cet obstacle n'est pas le seul ; il en est d'autres encore qui demandent, pour être levés, des mesures législatives ; il est de toute convenance que la législation facilite des opérations d'une si grande utilité publique, et qu'elle délivre ces fonds de servitudes qui les tiennent enchaînés à un mode de culture essentiellement nuisible à la salubrité publique et à l'intérêt bien entendu des propriétaires.

1. Ainsi un étang a souvent plusieurs propriétaires ; l'un possède l'évolage, l'autre l'assec, et l'un et l'autre sont souvent même partagés entre plusieurs individus ; il y a dans tous ces cas servitude réciproque qui pèse sur tous ces co-propriétaires ; aucun d'eux n'est libre de jouir suivant qu'il l'entend de sa part de propriété, ils sont asservis les uns aux autres, et chacun d'eux se trouve forcé de rester dans l'indivision ; ce premier obstacle semble, il est vrai, momentanément levé par deux décisions de la Cour de cassation, qui établissent en principe, qu'en raison de la co-propriété, de la co-indivision, et de la difficulté du partage, la licitation peut être provoquée par l'un des co-propriétaires.

2. Lors des établissements des étangs, et plus tard encore, souvent, sans y attacher d'importance, parce que le pâturage est utile plutôt que nuisible à l'étang en eau, on a consenti des servitudes de pâturage qui s'opposent au dessèchement et paralysent la bonne volonté des propriétaires. Un arrêt de la Cour suprême a, il est vrai, décidé que le pâturage serait indemnisé par un cantonnement dans l'étang.

Dans le moment présent, ces deux obstacles de la co-indivision et du pâturage sembleraient donc levés ; mais la jurisprudence est mobile, laisse encore jour à des discussions, à de nouveaux conflits, et elle peut, en se modifiant, détruire demain la faculté qu'elle accorde aujourd'hui ; il serait donc convenable que la législation consacrât le principe de la licitation pour les étangs.

Et puis, l'application rigoureuse du principe peut donner lieu à d'assez graves abus ; ainsi, il peut arriver que le propriétaire de quelques ares veuille poursuivre la licitation d'un étang de 50 hectares, ou que d'avides spéculateurs achètent une parcelle pour se la faire racheter très-cher, ou pour faire à leur profit les frais de la licitation. Pour obvier à ces abus, il serait nécessaire que, pour être en droit de poursuivre la licitation, on fût propriétaire d'un 6me au moins de l'évolage ou de l'assec ; et, pour diminuer les frais considérables qu'entraînerait l'instance pour un étang qui aurait de nombreux propriétaires, il serait convenable que la loi stipulât que les propriétaires de l'évolage dont les intérêts se confondent, et ceux de l'assec qui ont un même intérêt, fussent représentés dans l'instance par un seul avoué.

D'autre part, il nous semblerait plus juste, plus conforme aux principes, que la servitude du pâturage fût rachetable ; le cantonnement nécessite une division du fonds, et par conséquent serait en contradiction avec la difficulté du partage, principe qui a fait admettre la licitation.

Et puis, cette portion de propriété qui serait assignée en compensation d'un pâturage qui n'a lieu que dans l'étang en eau ne pourrait être que minime. Ainsi, le tribunal de Trévoux, par jugement du 1er avril 1847, a estimé à 250 francs la valeur capitale d'une servitude de pâturage, brouillage, naisage, etc., dans un étang d'environ 25 hectares ; et enfin cette parcelle devrait presque toujours se partager elle-même entre un assez grand nombre de propriétaires, elle se réduirait alors à des portions sans aucune valeur pour chacun d'eux, et qui seraient cependant essentiellement nuisibles à l'ensemble du fonds, contrarieraient les vues d'amélioration, les procédés d'irrigation, l'exploitation en prés d'embouche; il serait donc tout-à-fait à propos que cette servitude fût rachetable; ce principe est admis pour les pâturages sur les bois qui peuvent être partagés avec beaucoup moins d'inconvénient que les étangs; il serait donc tout-à-fait convenable que la loi l'admît aussi pour le pâturage des étangs.

Il est encore d'autres servitudes qui enchaînent les étangs et qui ont besoin d'une législation spéciale.

3. Ainsi, il serait nécessaire que la loi s'expliquât sur une question contestée; quelques propriétaires d'étangs prétendent interdire aux terrains qui leur sont supérieurs l'usage des eaux qui coulent sur leurs fonds; il nous semble tout-à-fait exorbitant d'empêcher un propriétaire d'employer à l'arrosage de son fonds des eaux qui souvent se forment sur lui ou passent sur son terrain; la loi maintiendrait donc, dans le droit commun dont on prétend les faire sortir, les eaux qui fluent aux étangs; pour cela elle stipulerait que tout propriétaire supérieur à un étang peut se servir, à leur passage, pour l'irrigation de son fonds, des eaux qui y affluent.

4. Il est encore des étangs qui doivent par titre leurs eaux accumulées à des étangs inférieurs; pour que l'étang supérieur asservi pût se dessécher, il serait donc nécessaire que ce droit fût déclaré rachetable.

5. Et puis, il est des étangs, dits dépendants, dans lesquels l'étang inférieur fait remonter l'eau sur la chaussée de l'étang supérieur; ici l'étang supérieur est durement asservi, il ne peut ni se dessécher ni se pêcher sans l'évacuation de l'étang inférieur auquel il doit ses eaux; les eaux de l'étang supérieur appartiennent donc, en quelque sorte, à l'étang inférieur aussi bien qu'à lui-même; la même eau leur sert aux mêmes usages; mais l'étang inférieur est aussi assujetti à l'étang supérieur; il est obligé de pêcher avant lui, et il ne peut rester en eau quand l'étang supérieur est en assec, parce que les eaux pluviales de

cet étang manqueraient alors d'écoulement ; ces étangs ont été faits nécessairement par le concours volontaire des propriétaires qui ont consenti des servitudes réciproques ; la loi aurait donc encore à leur appliquer le principe du rachat des servitudes.

6. Il serait encore nécessaire, puisque l'insalubrité des étangs est suffisamment prouvée, qu'aucun ne pût s'établir à l'avenir, à moins d'autorisation de l'Administration, après enquête faite dans le canton.

Il serait aussi très-à-propos, dans l'intérêt général de salubrité, que la loi stipulât que, lorsqu'un étang aurait été desséché pendant 5 ans, il ne pût se remettre en eau qu'après autorisation nouvelle.

7. La loi du 11 septembre 1792, sur le dessèchement des étangs insalubres, est loin d'être tombée en désuétude ; c'est l'avis de la commission de l'Assemblée nationale, chargée du rapport sur la pétition des propriétaires de Dombes ; cependant son application offre quelques difficultés ; elle attribue aux conseils généraux le droit d'ordonner le dessèchement, mesure d'exécution qui n'est pas d'accord avec le principe actuel de leurs attributions ; elle demande donc à être modifiée pour être mise en harmonie avec nos formes administratives actuelles. Ainsi la loi stipulerait que le préfet, en conseil de préfecture, pourrait après un rapport de la Commission départementale de salubrité, sur lequel la chambre consultative d'agriculture serait appelée à délibérer, ordonner le dessèchement d'un étang.

8 L'expérience prouve chaque année que les pêches estivales sont très-dangereuses pour la salubrité, parce qu'elles exposent au soleil caniculaire la surface de l'étang, naguère couvert d'eau ; il serait donc nécessaire que la loi les interdît depuis le 1er juin jusqu'au 30 septembre.

9. Nous avons vu que les bassins des petits cours d'eau sont marécageux par suite du défaut de curage et de l'élévation du barrage des moulins ; mais l'administration nous semble suffi-

samment armée pour lever, à l'aide de l'ingénieur hydraulique,
cet obstacle à la salubrité : nous ne pensons donc pas qu'il y
ait besoin de faire intervenir la loi.

10. Jusqu'ici nous ne demandons aucun sacrifice à l'État,
qui doit cependant recueillir en dernière analyse de grands
avantages de l'assainissement et de l'amélioration du pays ;
l'augmentation de la population, l'accroissement de la richesse,
feraient doubler le produit des impôts de toute nature, et l'État
prendrait bientôt une grande part dans la prospérité nouvelle
du pays ; il serait donc convenable, il serait même nécessaire
qu'il accordât des primes d'encouragement aux propriétaires
qui auraient opéré le desséchement.

Dans l'état des choses, les propriétaires touchent à peine
moitié de leurs revenus ; il leur est donc, à presque tous, impossible de faire les avances que nécessite une pareille opération ; les fermiers arriérés le peuvent encore moins ; si, donc,
le Gouvernement ne vient pas efficacement au secours de ce
pénible état de choses, il est à craindre que le desséchement
ne marche bien lentement, et que l'assainissement complet du
pays ne soit peut-être encore retardé de plus d'un siècle ; les
pouvoirs publics se sont émus, à juste titre, de la misère et de la
souffrance de nos classes industrielles ; mais que sont-elles ces
souffrances en comparaison de celles de nos travailleurs de
Dombes et des pays en situation analogue, qui portent tout le
poids du jour et de la chaleur, et ne semblent arriver à la vie
que pour subir une existence de faiblesse et de maladie ; la
population qui nous nourrit, dont les produits supportent les
trois quarts de nos impôts, ne mérite-t-elle donc pas autant
d'intérêt que celle qui, le plus souvent, ne travaille qu'à nous
fournir des objets de luxe ?

D'ailleurs les dépenses que ferait l'État pour rendre au pays
la salubrité et à la population le nombre et la force, seraient
pour lui des dépenses productives qui rentreraient bientôt,
avec usure, dans ses coffres ; il serait donc grandement à désirer qu'il pût allouer au moins 200 francs, par hectare, à

l'étang desséché et mis en pré, dont 100 francs seraient payables
à la fin de la première année du sol défoncé et chaulé, et 100
francs après sa mise en pré; la charge pourrait être insen-
sible pour le Trésor; dans les premières années, surtout,
les soumissions de dessèchement ne seraient pas bien nombreuses, parce que l'indemnité ne serait pas préalable, qu'elle
couvre à peine moitié des frais, et qu'elle ne s'accorde qu'a-
près l'exécution et la réussite; il serait donc possible de faire
porter cette indemnité sur le fonds commun central, et par là les
recettes du Trésor ne se trouveraient en rien affaiblies.

11. Il est, en outre, un avantage que l'État pourrait accorder,
sans bourse délier, ce serait, pendant 20 ans, une exemption
d'impôts sur les constructions nouvelles, établies par suite du
dessèchement des étangs. Ici le fisc ne perdrait rien, puisque
l'impôt n'existe pas; mais ce qui serait plus essentiel encore,
serait, pendant 20 ans aussi, une exemption des trois quarts
de l'impôt des fonds desséchés; cette exemption pourrait même
n'être à charge à aucun contribuable, elle se prendrait sur les
fonds de non va'eur, au moyen d'ordonnances de décharge; et
puis, cette faveur serait bien loin d'être exorbitante, puisqu'elle
serait la même que celle accordée aux plantations en bois; et,
certes, le dessèchement des foyers d'insalubrité est encore d'une
bien autre importance que l'augmentation de la surface boisée.

Les mesures que nous proposons n'attaquent en rien la propriété, elles la délivrent, au contraire, de servitudes onéreuses
qui en gênent la libre disposition; elles retirent ensuite, à un
mode particulier d'en jouir, des privilèges qui ont été et continuent d'être funestes à la salubrité et à la prospérité du pays;
et, enfin, les faveurs qu'elles accordent au dessèchement sont
bien légères en proportion des avantages publics et particuliers
qu'il amènerait.

Nous l'avons déjà fait remarquer, le dessèchement des étangs
n'est pas un simple intérêt de localité: dans le département de
l'Ain, comme ailleurs, leur influence, ainsi que nous l'avons
vu, s'étend bien au-delà du pays où ils se trouvent, et elle se

fait sentir sur des étendues quadruples, au moins, de celle de la contrée inondée; dans la plupart des contrées voisines des pays d'étangs, on observe qu'une partie des maladies portent le caractère de maladies paludiennes; et nous ne croyons pas exagérer en disant que plus du quart de la France se trouve intéressé au desséchement des marais, et particulièrement des étangs.

Dans tous les temps, les questions d'assainissement, de desséchement, ont été regardées comme des questions d'intérêt public; en France, sous Henri IV, sous Louis XIV, on a fait venir des Hollandais pour présider, aux frais de l'État, au desséchement de marais étendus; dans les états Romains le gouvernement travaille, depuis plus d'un siècle au desséchement des marais Pontins. En Toscane, les desséchements se poursuivent avec les fonds du trésor, et on compte des milliers d'hectares dans le Val de Chiana et dans la Grande-Maremme, rendus à la salubrité et à une culture productive; les dépenses de desséchement, d'assainissement, sont donc presque toujours et partout faites entièrement par l'État; ici, dans une question évidente de salubrité publique, les particuliers commencent à faire toute la dépense, et demandent, comme encouragement à l'État, à peine moitié de la somme préalablement dépensée; car il est à remarquer que les 350 francs, par hectare, que nous avons admis, comme dépense nécessaire, sont au-dessous de la plus faible évaluation qui ait été donnée dans l'enquête par les propriétaires qui ont exécuté ce travail. Nos demandes restent donc dans la limite que l'État fixe d'ordinaire aux encouragements qu'il donne souvent pour des travaux de simple utilité locale; la santé publique et l'abondance des produits agricoles sont, certes, deux des plus grands intérêts du pays; l'État fait, chaque année, des sacrifices énormes pour des intérêts bien moindres, et souvent même incertains; il semble donc qu'il ne devrait pas hésiter à faire ceux que nous sollicitons, qui seraient immédiatement suivis de résultats d'utilité publique; dans le département de l'Ain, on arriverait avec des sommes relativement faibles ; le dessèchement complet de 20 mille hectares d'étangs absorberait à peine 2 millions de primes ; l'exemption légale des 3/4 de l'impôt suffirait aux étangs plantés en bois, et c'est le meilleur parti à prendre pour les mauvais étangs éloignés de leurs propriétaires, qui forment le tiers de leur étendue totale ; et puis ceux restés en labour ne recevraient que 100 fr. au lieu de 200. Enfin, ces primes ne se distribueraient dans l'espace peut-être de 20 années ; le sacrifice annuel s'élèverait donc à peine à 100 mille francs, et l'exemption d'impôts n'irait guère qu'au dixième de cette somme ; avant 10 ans les sommes allouées pour ces primes rentreraient, nous le pensons, dans les coffres de l'État en impôts de consommations, en impôts de mutations et de transmissions de propriétés.

Cette faveur que nous demandons pourra, nous dit-on, être sollicitée par d'autres pays dans une situation analogue à la nôtre ; mais sur 200 mille hectares d'étangs qui se trouvent en France, moitié peut-être ne sont pas susceptibles de dessèchement ; le sacrifice ne serait donc pas considérable. On objecte encore qu'une partie des dispositions que nous sollicitons ne seraient applicables qu'à notre localité ; mais ces dispositions utiles à nous ne peuvent pas être nuisibles à d'autres ; et, puis, chaque année, les législateurs rendent une multitude de lois d'intérêt local, pendant qu'ici toutes nos demandes se résolvent en intérêt public.

Les dispositions nouvelles que nous demandons laissent d'ailleurs le dessèchement facultatif ; la loi du 11 septembre 1792 est, il est vrai, impérative, mais ce n'est point une mesure nouvelle, et les précautions dont son exécution serait entourée sont telles qu'elles n'en permettraient point d'applications abusives ; d'ailleurs les primes accordées apporteraient des compensations, aplaniraient des difficultés et rendraient plus faciles les règlements d'indemnité.

§ XIX. — Il nous resterait maintenant à formuler les dispositions législatives que nous proposons.

Art. Ier.

Il ne sera à l'avenir construit aucun étang qu'avec l'autorisation de l'administration qui pourra, au besoin, ouvrir une enquête dans le canton où sont situés les fonds qu'on veut inonder.

Art. II.

Tout étang resté à sec pendant 5 ans ne pourra se rétablir qu'après autorisation.

Art. III.

Toute pêche d'étang, par l'écoulement de ses eaux, est prohibée depuis le 1er juin jusqu'au 30 septembre. En cas de contravention, l'administration pourra interdire la remise en eau de l'étang.

Art. IV.

Le Préfet, en conseil de préfecture, après un rapport du Comité central de salubrité, sur lequel la chambre consultative d'Agriculture sera appelée à donner son avis, pourra ordonner le dessèchement d'un étang.

Art. V.

La licitation d'un étang pourra être provoquée par tout portionnaire d'un sixième, au moins, de l'évolage ou de l'assec; dans ce cas, les portionnaires de l'évolage d'une part, et ceux de l'assec de l'autre, devront se faire représenter par un seul avoué.

Art. VI.

Tout droit de pâturage, de naisage, d'abreuvage; tout droit d'eau de l'étang inférieur sur l'étang supérieur, même les servitudes réciproques d'étangs dépendants, sont rachetables moyennant indemnité.

Art. VII.

Les propriétaires des fonds supérieurs aux étangs, pourront employer à leur irrigation les eaux qui se forment ou qui passent sur leur terrain.

Art. VIII.

Toutes constructions de maisons, de hangars ou d'écuries, faites par suite du desséchement d'un étang, seront exemptes d'impôts pendant 20 ans.

Art. IX.

Tout étang desséché jouira de l'exemption des trois quarts de son impôt pendant 20 ans.

Lorsqu'en outre il aura été défoncé et chaulé, il recevra une prime de 100 fr. par hectare, et une seconde prime de 100 fr., aussi par hectare, deux ans après sa mise en pré.

M.-A. PUVIS.

La Commission départementale d'hygiène et de salubrité publique a entendu la lecture de ce rapport; la discussion s'est ouverte sur ses diverses parties, et, après discussion, elle en a adopté les motifs ainsi que les conclusions, et elle a arrêté, en outre, qu'il serait transcrit *in extenso* sur ses registres

TABLE ANALYTIQUE DES MATIÈRES.

—•—

www.ingramcontent.com/pod-product-compliance
Ingram Content Group UK Ltd.
Pitfield, Milton Keynes, MK11 3LW, UK
UKHW022125170726
13837UKWH00003B/1373